DIE SCHÖNSTEN JAGDWAFFEN

Text

HOWARD L. BLACKMORE

Aus dem Englischen von Inge Eisler

Parkland

Designed and produced by
ÉDITIONS MINERVA S.A.

INHALT

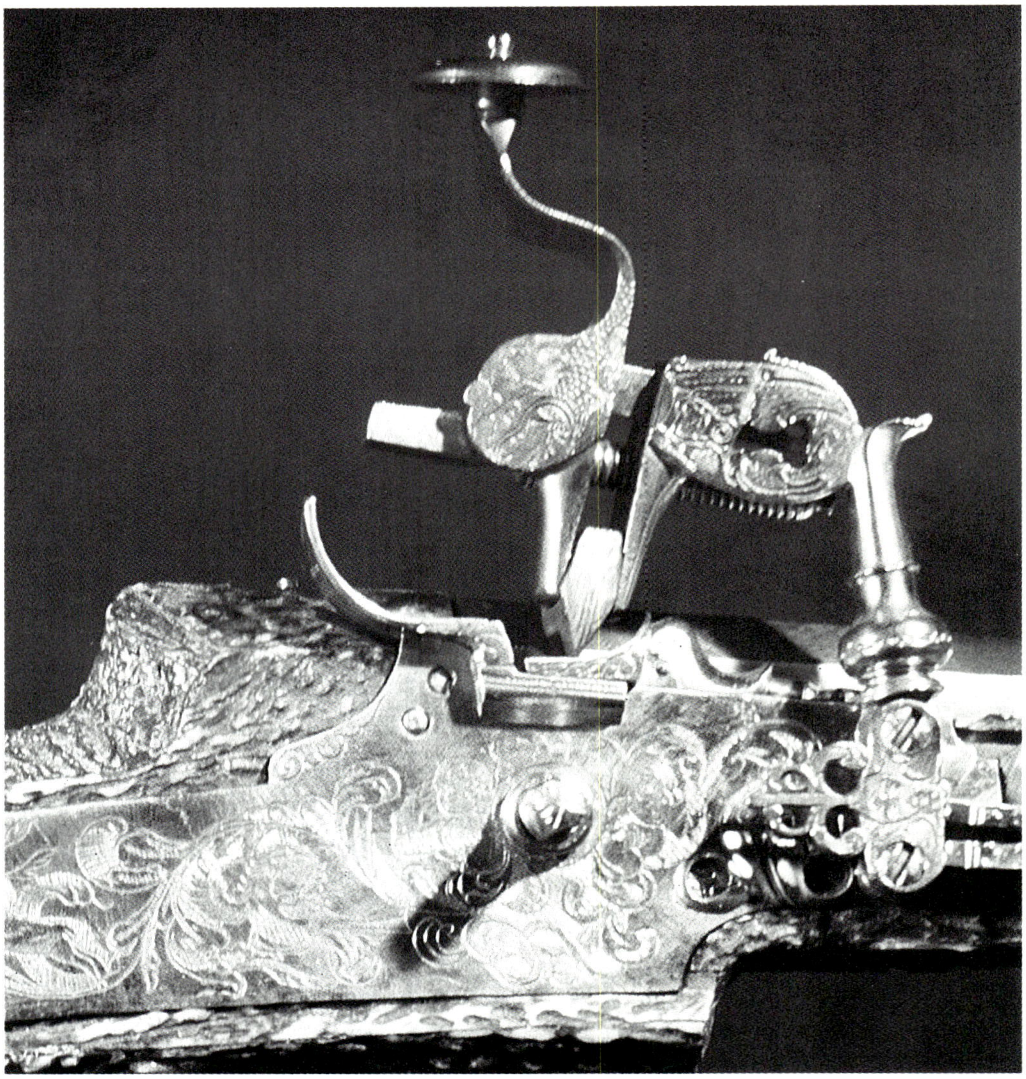

Bildnachweis: Abbiatico & Salvinelli: 84a, b, c, 85a, 86b – Wallace Beinfeld Collection: 79b – Bibliothèque Nationale, Paris: 4a, b, 5, 7a – Blackmore: 47b, c, 54c, 68b, 83c, d, 85c – Lee Boltin: 80a, b, 81b – Bridgeman Art Library, London: 31b, 49a – Bulloz: 51a – Deutsches Jagdmuseum, München: 6a, b, 11a, 21, 24b, 26b, 28a, b, 42a, b, 51b, 57b, 58b, 59a, 63a, b, c – Giraudon/Musée de la Chasse, Paris: 70a – Fabrique Nationale Herstal: 64c, 86a, 87a, b – Holland & Holland, London/L. Boltin: 47a, 78b – Kunsthistorisches Museum, Wien: 10, 17b, 32a, b, 33, 35, 36, 46b, 50a, 70b – Kunsthistorisches Museum, Wien/Meyer: 7c, d, 12a, 15c, 16b, c, 22 23, 26a, 39a, b, 41a, 45a, b, 49b, 61b, 65b, 76, 77a, b, 81a, 82b – Musée d'Armes Lüttich: 58c, 64a, b – Tower of London Armouries: 18, 20a, b, c, 34a, b, 55b, 57a, 73a, b – Metropolitan Museum of Art, New York/Rogers and Harris Brisbane Dick Funds: endpapers, 25 – Roy Miles Gallery/Bridgeman Art Library: 66 – Musée de la Chasse, Paris: 1, 2, 11b, 12b, 14a, b, 15a, b, 16a, 27, 30, 43a, b, 44a, 46a, 55a, 59c, 60a, 62a, b, c, 67a, b, 68a, c, 69, 71a, b, 72a, b, 82a, 83b, 88 – Salmer: 8a, 48 – Schweizerisches Museum für Jagd und Wildschutz, Schloss Landshut/Die Jagdhistorische Sammlung La Roche/Howald: 4c, d, 7b, 8b, 9a, b, 38, 54b, 56a, b, 58a, 59b, 61a, 65a, 83a – Sotheby's London: 17a, 50b – Victoria and Albert Museum: 52 – Victoria and Albert Museum/Brigdeman Art Library: 24a, 31a, 41b, 54a – The Wallace Collection, London: 40, 74 – R.K. Wilson Collection/S. Latham: 85b.

ISBN 3-88059-205-5

Deutsche Lizenzausgabe
Parkland Verlag, Stuttgart
Printed in Italy

EINFÜHRUNG

Die Vorstellung, ein so tödliches Werkzeug wie eine Feuerwaffe als Kunstwerk zu bezeichnen, mag für manchen Leser einen Widerspruch in sich darstellen. Doch bereits im 16. Jahrhundert war die mit Sorgfalt hergestellte Feuerwaffe zu einer vielbewunderten Arbeit geworden, die sich als Geschenk und Prestigeobjekt geradezu anbot. Als Maximilian, Graf von Buren, seinem Freund Heinrich VIII. im Jahre 1545 seine Dankbarkeit ausdrükken wollte, sandte er ihm die große Bronzekanone, die heute noch die Auffahrt zum Dover Castle beherrscht. Sie ist nicht nur eine todbringende Waffe, sondern gleichzeitig auch ein herrliches Beispiel der verzierten Gußarbeiten der Renaissance.

Die Prunkjagdwaffen, die zu dieser Zeit bereits von den Fürsten Europas gesammelt und verschenkt wurden, waren da schon wesentlich leichter zu transportieren.

Gewehre wurden aus verschiedenen Gründen hochgeschätzt: die Genialität ihres Mechanismus, ihre historische Bedeutung aber auch der ästhetische Anspruch ihrer Verzierungen.

Das erste mechanisch komplexere Gewehrschloß, das Radschloß, wurde wegen seiner Neuheit, seines komplizierten Mechanismus und seiner hohen Leistungsfähigkeit sehr bewundert.

Schon im Jahre 1515 stand in der Augsburger *Chronica Newer Geschichten* der Bericht über einen jungen Mann aus dieser Stadt zu lesen, der ein hübsches Freudenmädchen mit auf sein Zimmer genommen hatte. Zu ihrem großen Leidwesen begann der junge Mann dort, sich mit einer Rivalin zu befassen – einem Radschloßgewehr. Plötzlich ging „ganz von selbst" ein Schuß los und tötete das Mädchen auf der Stelle.

Dies ist bereits ein frühes Beispiel dafür, welche Faszination die Feuerwaffe selbst gegenüber der stärksten Konkurrenz ausüben kann.

Waffen wie das Schwert des Hl. Wenzel und die Lanze Philipps des Guten wurden lange Zeit aufgrund ihrer historischen Bedeutung aufbewahrt – und das in einer Epoche, wo das Gewehr noch nicht einmal von einer solchen Wertschätzung zu träumen wagte. Eines der ersten, die dieses Glück hatten, war die sogenannte Muskete Heinrichs VIII., die im späten 17. Jahrhundert zu den meistbewunderten Stücken des Londoner Towers zählte.

Andere berühmte Gewehre und solche mit interessanten Neuerungen – schöne Pistolen, die unter Wasser feuerten, Luftgewehre, die aussahen wie Radschloß- oder Steinschloßbüchsen, Mehrladegewehre, die in einem atemberaubenden Tempo mehrere Schüsse abfeuerten – zogen das Interesse der Sammler auf sich. Doch war es schließlich die von mehreren Künstlern geschaffene herrlich verzierte Prunkwaffe, die den größten Erfolg hatte.

Mit dem Einzug der Renaissance in Italien verbreiteten sich auch ihre Stilelemente in ganz Europa, und Fürsten und hohe Herren stürzten sich mit eifriger Sammlerlust auf Antiquitäten, alte Manuskripte, Juwelen, Medaillen und vor allem auf schöne, reich verzierte Waffen. Künstler von Ruf wurden beauftragt, Gewehre zu schaffen, deren Läufe und Schlösser die grundlegenden Funktionen der Feuerwaffe erfüllen konnten, die jedoch in erster Linie Kunstwerke darstellen sollten.

Holz- und Elfenbeinschnitzer, Ziseleure und Graveure, Goldschmiede und Juweliere kreierten gemeinsam solch extravagante Stücke, die einzig dazu dienten, in den Gewehrkammern der Sammler ausgestellt zu werden.

Die meisten in diesem Band gezeigten oder beschriebenen Waffen, die einst der Stolz großer Sammler wie Karl V. von Spanien, dem Erzherzog Ferdinand von Tirol, Elisabeth I. von Rußland und Georg IV. von Großbritannien waren, werden heute in den Museen der Welt aufbewahrt. Wie ich hoffe, macht jedoch das letzte Kapitel deutlich, daß heute noch immer eine Nachfrage nach derartigen Kunstwerken besteht und es auch die Künstler noch gibt, die so prunkvolle Waffen herstellen können – die Museumsstücke der Zukunft.

***Vor- und Nachsatz:* Steinschloßgewehr von Pierre Le Bourgeoys aus Lisieux, um 1615. Aus Birnenholz mit Verzierungen aus Perlmutt, Silber und Gold (The Metropolitan Museum, New York, Rogers and Harris Brisbane Dick Funds, 1972). *Titelseite:* Detail einer Teschinke, Litauen, um 1630/40 (Leihgabe des Musée de l'Armée im Musée de la Chasse, Paris). *Oben:* Radschloßbüchse mit äußerem Rad, Lauf und Schloß ziseliert, Schaft und Kolben geschnitzt; Bayern, um 1615/1620 (Leihgabe des Musée de l'Armée im Musée de la Chasse, Paris). *Links:* Detail einer Radschloßbüchse, auf dem Lauf «Michel Buxbaum, 1680», signiert; Deutschland, 1680 (Ehem. Pauilhac-Sammlung im Musée de la Chasse, Paris).**

Oben : Drei Illustrationen aus dem berühmten *Livre de la Chasse* von Gaston Phœbus, einem illuminierten Manuskript aus dem Mittelalter. Die damals benutzten Waffen waren das Schwert, die Armbrust und Pfeil und Bogen.

1. DAS MITTELALTER

Die Jagd auf wilde Tiere war bereits Gegenstand der frühesten künstlerischen Äußerungen des Menschen. Prähistorische Maler hinterließen uns ihre Höhlenmalereien und Knochen von Elefanten, Bisons, Steinböcken, Pferden und Wildschweinen, die oft mit Schnitzereien verziert sind, die den Menschen auf der Jagd mit Pfeil und Bogen darstellen. Diese eindringlichen Bilder vermitteln uns nicht nur den Stolz des Jägers auf sein eigenes Geschick und seine Tapferkeit, sondern auch etwas von der Bewunderung, die er für die Stärke und die kraftvolle Bewegung dieser großen Tiere empfand, die ihm Nahrung und Kleidung lieferten. In dem Maße, wie der Jäger nach dem Zeitalter der Steinaxt, der Pfeilspitzen und Spieße in der Bronzezeit schließlich über wirksamere Klingenwaffen verfügte, richteten sich auch seine künstlerischen Anstrengungen auf die Waffen selbst. In den Gräbern von Mykene wurden Bronzedolche aus der Zeit von etwa 1500 v. Chr. gefunden, die Gold- und Silber-Niello-Einlegearbeiten mit der Darstellung von Jagdszenen trugen. So entstand die Tradition der Verzierung von Jagdwaffen, die sich über die Jahrhunderte hin bis in unsere Zeit bewahrt hat.

Im Mittelalter hatten große Teile der Bevölkerung auf die eine oder andere Weise Kontakt mit der Jagd. Beamte und deren Dienerschaft wurden dazu angestellt, das Wild auszumachen, die Hunde zu führen, Einzäunungen und Netze aufzustellen, das Revier zu durchstreifen und die nötigen Vorbereitungen für den Transport und die Verpflegung der großen Jagdgesellschaften der fürstlichen Jäger und deren Gefolge zu treffen. In der zweiten Hälfte des 13. Jahrhunderts erschien in Frankreich ein von einem unbekannten Autor in Versen verfaßtes Buch « La Chasse du Cerf » welches nicht nur Ratschläge für den Weidmann enthielt, sondern präzise Regeln aufstellte und eine Etikette einführte, die von nun an streng zu beachten war. Bemerkenswert unter den darauffolgenden Werken ist besonders « Le Livre de la Chasse » vom Comte de Foix, besser bekannt unter dem Namen Gaston Phœbus, das kurz vor seinem Tod — der ihn nach einer Jagdpartie ereilte – 1391 erschien. Es enthält kunstvoll illuminierte Miniaturen von Jagdszenen, kleine Gemälde, die uns zeigen, welche Waffen zu jener Zeit für die Jagd benutzt wurden.

Die billigste und gebräuchlichste Waffe war der Pfeil und Bogen. Der aus robustem Eibenholz der leichteren Handhabung wegen oft nur roh gearbeitete Bogen war 1,50-1,80 m lang, der Pfeil maß etwa 90 cm. Für Großwild verwandte der Jäger eine unter dem Namen « Breitkopf » oder « Schwalbenschwanz » bekannte Pfeilspitze mit zwei großen schrägen Widerhaken. Eine andere Art hatte eine halbmondförmige Spitze mit einer tückischen Klinge, die einem Vogel den Flügel oder den Kopf glatt abtrennen konnte. Für kleine Vögel, die nur leicht betäubt werden sollten, um so weder Fleisch noch Gefieder zu verletzen, wurde eine stumpfe Spitze verwandt. Bei der Vielzahl von vorhandenen Bogen und Pfeilen hing der Erfolg der Jagd von der Geschicklichkeit und der Erfahrung des Bogenschützen ab.

Phoebus und seine Landsleute in Frankreich bevorzugten die Armbrust, bei der der Bogen

Links: **Großes Jagdschwert (Sau- oder Schweinsschwert), Kursachsen, 1. Hälfte 16. Jh., und *daneben*, eine Jagdarmbrust mit Zahnstangengewinde, deutsch, Mitte 16. Jh. (beide: Schweizerisches Jagdmuseum, Schloß Landshut bei Bern).**

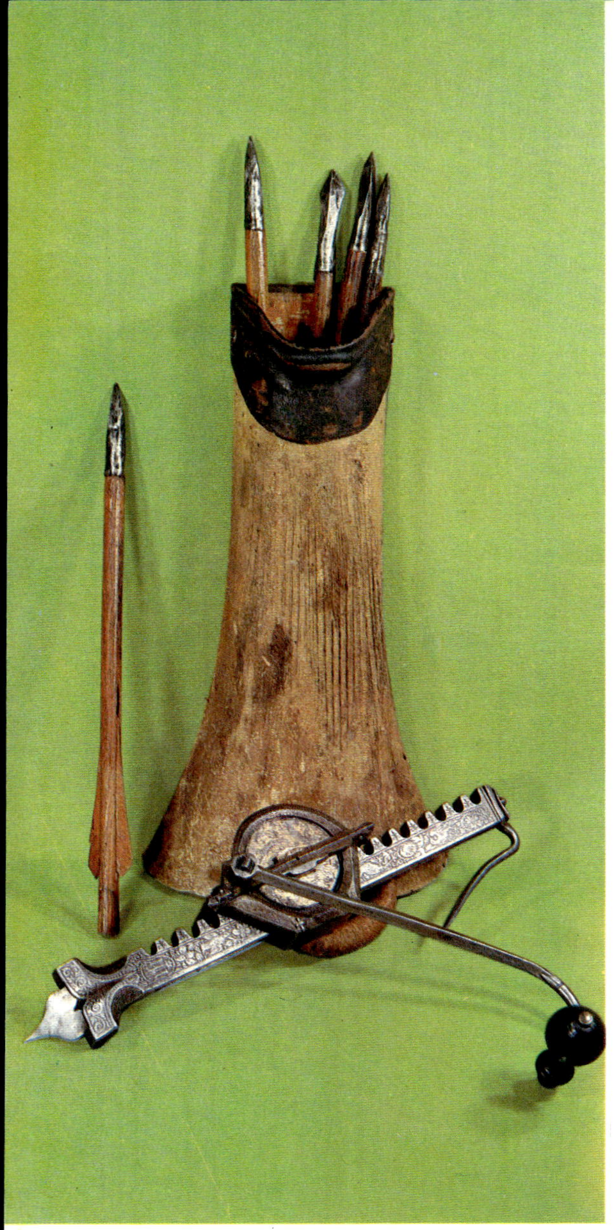

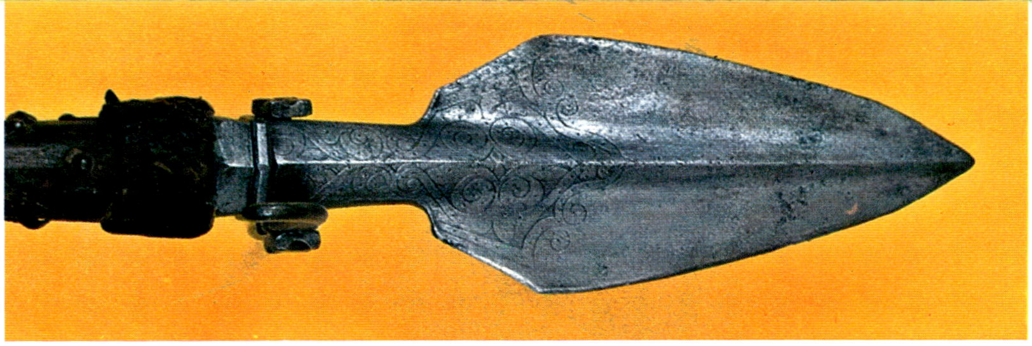

mechanisch gespannt oder mit der Hilfe eines Gürtelhakens oder eines Zahnstangengewindes, das unter der Bezeichnung « crannequin » bekannt war, heruntergewunden wurde. War die Armbrust so geladen, löste ein Druck auf den Abzugshebel die Sehne aus und der Bolzen, der ähnliche Spitzen hatte wie die langen Pfeile, wurde abgeschossen. Die Kunst der Armbrustmacher war so geheimnisumwoben, daß einige Zeit der Glaube weit verbreitet war, die Bögen seien aus den Phalli von Elefanten hergestellt. Tatsächlich aber waren sie zusammengesetzt mit einem Kern aus Fischbein und Eibenholz, der mit Horn und Sehne verstärkt und bezogen war. Der zusammengesetzte Bogen wurde später durch den Stahlbogen ersetzt, und zu Beginn des 16. Jh. waren die wertvolleren Armbrüste reich verzierte teure Stücke, deren Säule mit gravierten Beineinlagen und Elfenbein belegt und deren Stahlteile mit Ätzmalerei und Motiven verziert waren, wie man sie normalerweise nur auf prunkvollen Rüstungen fand. Der Jäger zu Pferd war mit einem Jagdschwert bewaffnet, dessen Klinge zum Stechen und Schneiden verwandt wurde ; es war lang genug, damit auch ein großes Tier zu erlegen. Der Griff war so geformt, daß man ihn mit einer oder mit beiden Händen halten konnte, und die Klinge mit einer Querstange versehen, um ein zu tiefes Eindringen zu verhindern. So ausgerüstet konnte der Jäger nach einer langen Jagd den erschöpften Hirsch sicher töten.

Auch der Wurfspeer besaß eine Querstange, die gewöhnlich aus dem Hauer eines Ebers oder einem Teil des Hirschgeweihs bestand, das mit einem Lederriemen befestigt war und gleichzeitig als Griff an dem hölzernen Heft diente. Es war äußerst gefährlich, einen Keiler oder einen Bär zu Fuß anzugreifen. Eine feste Hand war dabei lebenswichtig. Kleinwild wurde mit wesentlich leichteren Speeren erlegt.

Ob zu Fuß oder zu Pferd, stets trug der Jäger ein Messer bei sich, sei es nun zu seiner eigenen Sicherheit, oder aber um die erlegten Tiere

Links: **Bolzenköcher mit fünf Bolzen (Holzkörper mit Rinderhaut bezogen) und Zahnstangengewinde, deutsch, um 1500 (Deutsches Jagdmuseum, München).** ***Oben:*** **Saufeder, Deutschland, 16./17. Jh. (Schweizerisches Jagdmuseum, Schloß Landshut bei Bern).** ***Unten:*** **Armbrust, deutsch, 16. Jh. gerade, reich mit verschiedenfarbigem Holz intarsierte Säule, Ober- und Unterkante verbeint (Deutsches Jagdmuseum, München).** ***Rechts:*** **Wildschweinjagd, Illumination aus dem *Livre de la Chasse* von Gaston Phoebus.** ***Darunter:*** **Saufeder (Schweizerisches Jagdmuseum, Schloß Landshut bei Bern); Jagdschwert des Erzherzogs Ferdinand von Tirol, 1580; Jagdschwert des Kaisers Leopold I., Deutschland 1660 (Kunsthistorisches Museum, Wien).**

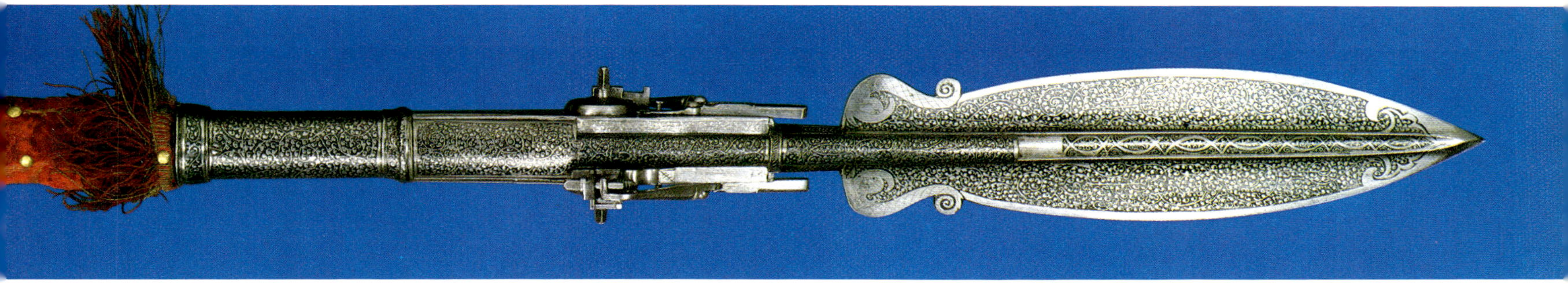

auszuweiden. Zuweilen führten sie ein Weidbesteck mit, das aus einem großen Hackmesser, kleinen Tafelmessern und Werkzeugen bestand. Unter den heute noch erhaltenen Weidbestecken finden sich einfache, eisenbeschlagene Exemplare mit Hirschhorngriffen, aber auch herrliche Beispiele der Messer- und Goldschmiedekunst — frühen Boten der späteren Pracht.

Links: **Karl V. auf der Jagd, Gemälde von Lucas Cranach (Prado, Madrid).** ***Darunter:*** **Weidpraxe mit Besteck und Scheide, Kursachsen, Anf. 17. Jh. (Schweizerisches Jagdmuseum, Schloß Landshut bei Bern).** ***Rechts:*** **Armbrust und Kugelschnepper, italienischer Ballester für die Jagd auf Vögel, 17. Jh. (Schweizerisches Jagdmuseum, Schloß Landshut bei Bern).** ***Unten:*** **Jagdarmbrust und Bolzenköcher mit Bolzen, deutsch, Ende 16. Jh. (Schweizerisches Jagdmuseum, Schloß Landshut bei Bern).**

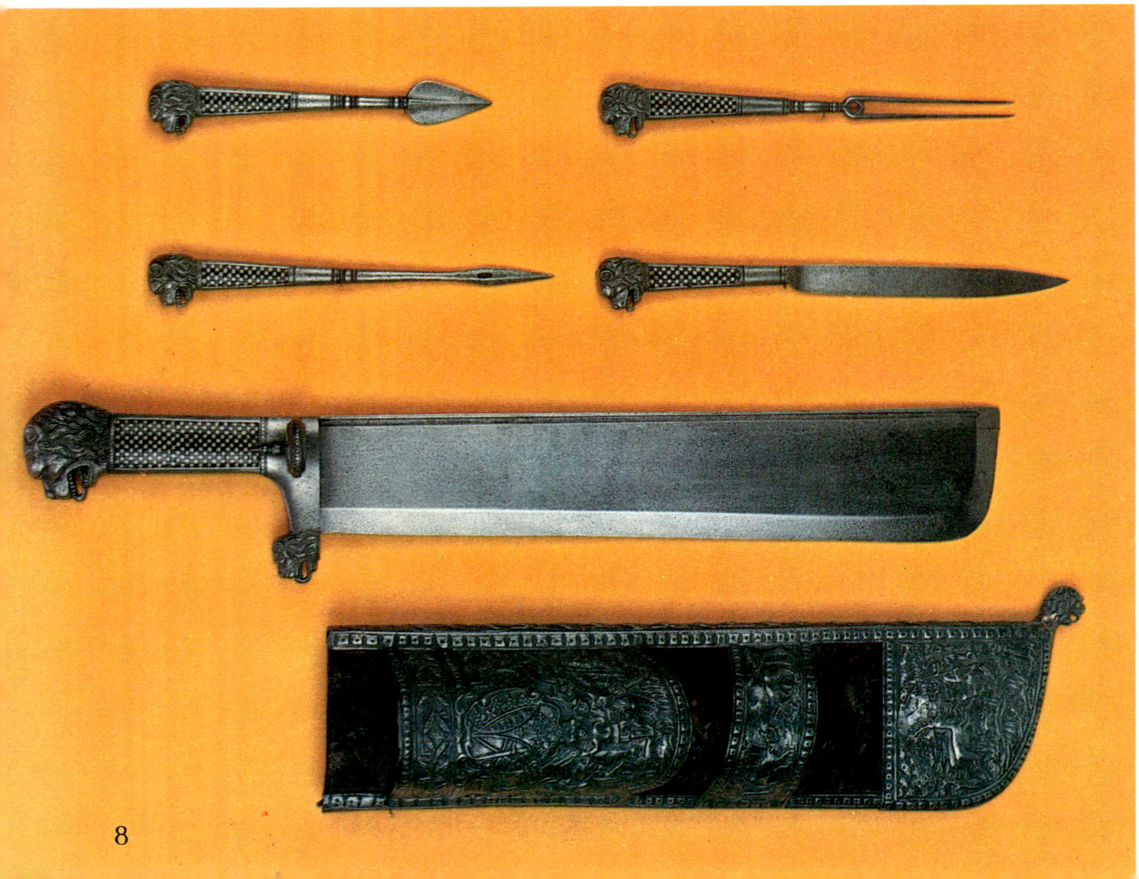

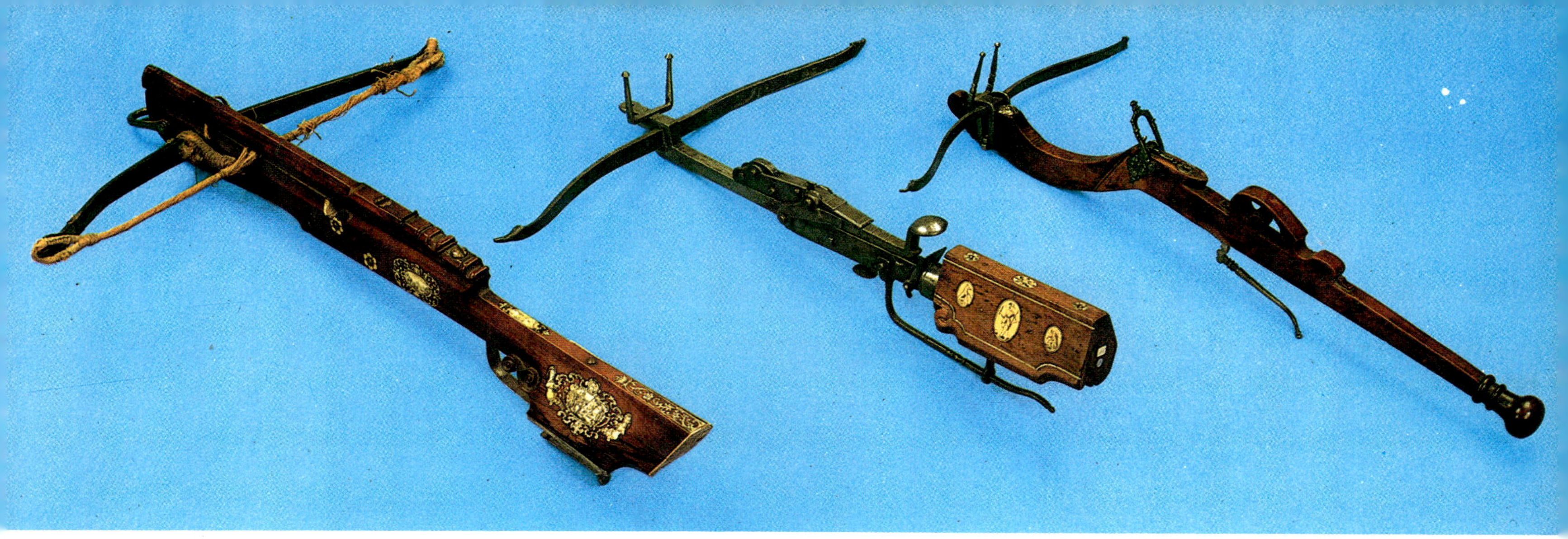

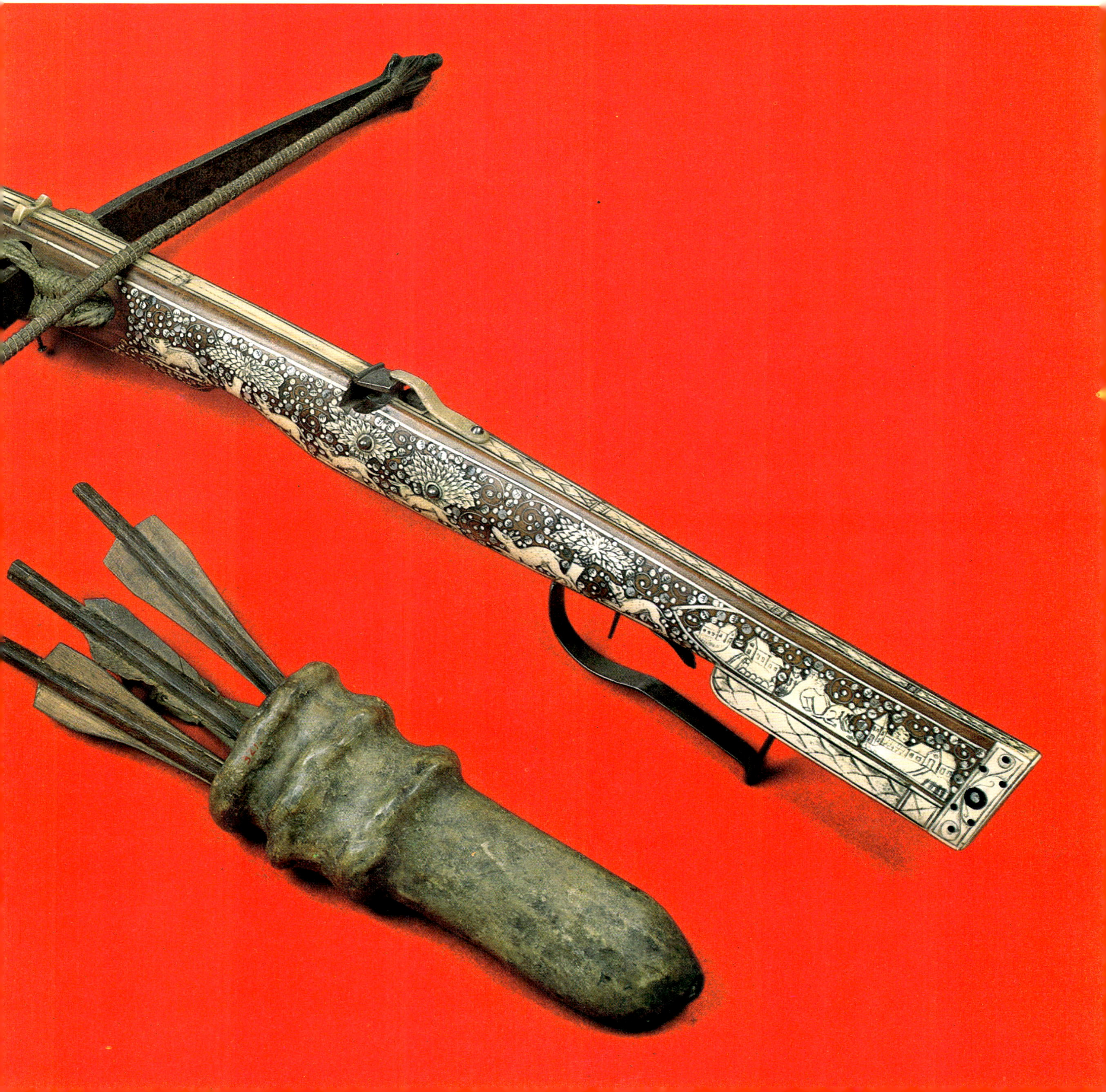

2. DAS 16. JAHRHUNDERT

Zu Beginn des 16. Jahrhunderts wird die Jagd um eine neue Waffe bereichert : die ersten Feuerwaffen, damals noch schwerfällige Geschütze, stammen vom Ende des 13. Jh. Die frühesten in der zweiten Hälfte des 14. Jh. in den Annalen Englands, Frankreichs und Deutschlands verzeichneten Handfeuerwaffen waren nichts anderes als auf einem stabartigen Griff befestigte Miniaturkanonen. Der Schütze hielt sie mit einer Hand, während er mit der anderen ein glimmendes Stück Lunte oder Zunder an das Zündloch brachte. Am Ausgang des 15. Jh. jedoch wurde der Gewehrlauf in einen der Form der Schulter angepaßten hölzernen Schaft eingebettet und ein einfacher Mechanismus, das Luntenschloß, neben dem Zündloch befestigt. Ein mit dem Abzugshebel verbundener Hahn, an dem die Lunte durch eine Zwinge befestigt war, drückte die glimmende Lunte (Zündschwamm) auf die Pfanne und brachte dadurch das auf die Pfanne aufgeschüttete Zündkraut und die Pulverladung des Laufes zur Entzündung.

Wie viele neuartige Waffen, so traf auch die Einführung der Feuerwaffe auf den Widerstand der privilegierten Schichten — all derer, die im

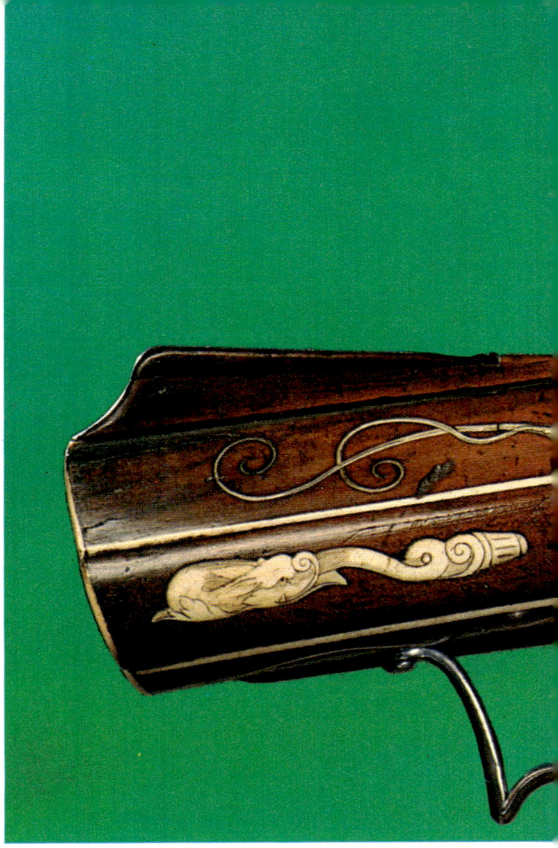

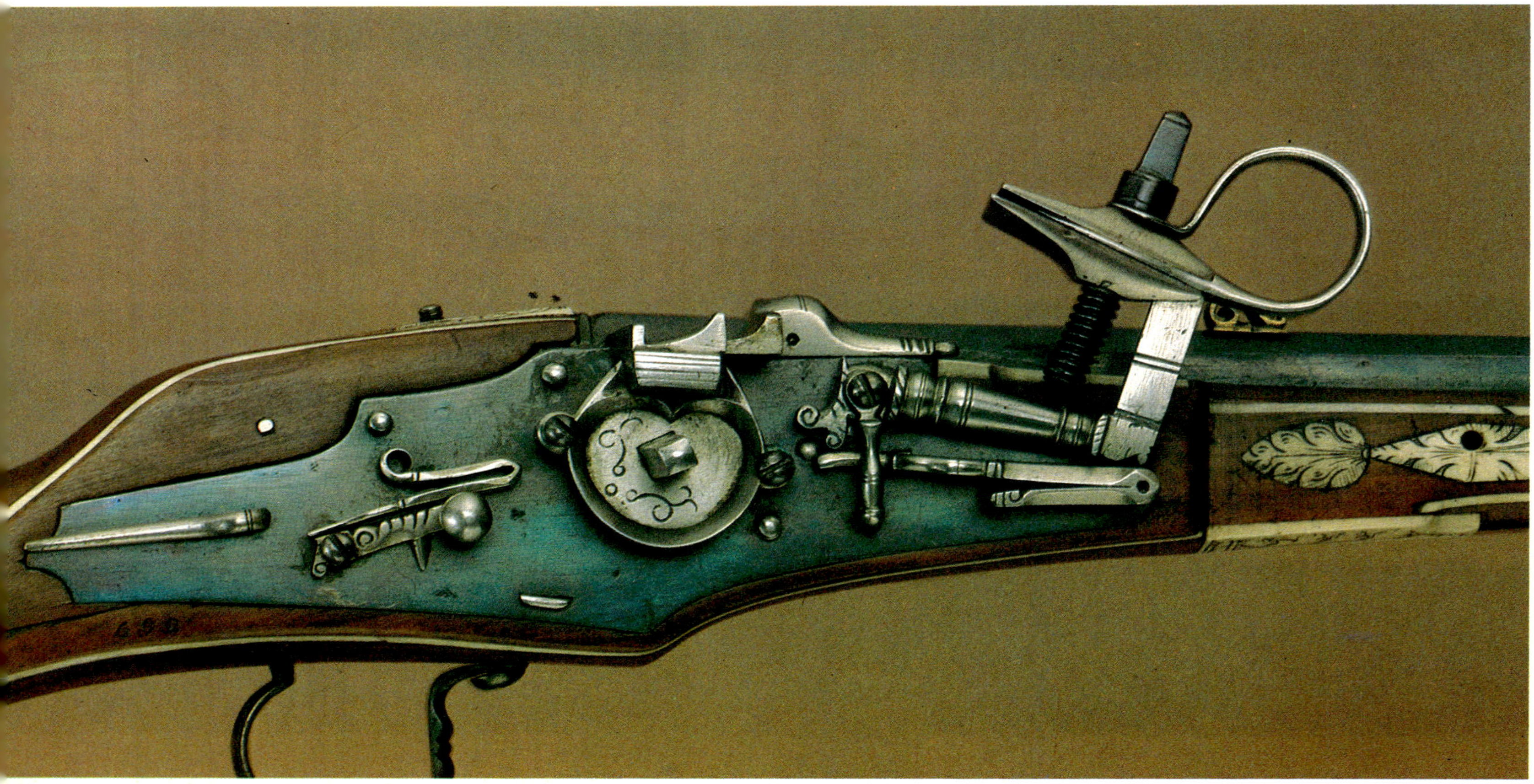

Umgang mit Bogen und Klinge glänzten. Obwohl ein großer Bewunderer der Artillerie und der Kriegswaffen, hatte Kaiser Maximilian I. (1459-1519), jener Große Meister der Jagd, ernste Bedenken gegen den Gebrauch von Feuerwaffen bei der Jagd, und nichts bereitete ihm größeres Vergnügen, als wenn er auf eine Entfernung von 200 Schritt mit seiner Armbrust eine Gemse erlegte, die einer seiner Jäger mit dem Gewehr verfehlt hatte.

Maximilians Freund und Günstling, Heinrich VIII. von England, zeigte sich anfangs ebenso unbeeindruckt von der Feuerwaffe. Doch im Jahre 1536 übte er sich bereits im Zielscheibenschießen und 1538 ernannte er den ersten « Keeper of the King's Handguns ». Nach seinem Tode ergab eine 1547 durchgeführte Bestandsaufnahme seiner Waffenkammer, daß er eine Anzahl von Feuerwaffen für seinen persönlichen Gebrauch erworben hatte, viele davon in prachtvoller Ausstattung. Es hatte sogar bereits erste technische Verbesserungen gegeben, denn von einigen Gewehren wurde gesagt, sie besäßen « fier lockes » (Feuerschlösser).

Der Hauptgrund für die plötzliche Beliebtheit der Feuerwaffen lag in der sinnreichen Erfindung des Feuerschlosses oder Radschlosses. Das Luntenschloß hatte mancherlei Nachteile, allen voran die Schwierigkeit, die Lunte bei jeder Witterung so lange entzündet und glimmend zu halten, bis sie gebraucht wurde. Wie sein Name bereits sagt, beruhte das System des Radschlosses auf einem gerillten Rad, das gegen eine kräftige Feder mit Hilfe eines separaten Schlüssels aufgezogen wurde, um so das Gewehr zu laden. Beim Auslösen durch den Abzug schlug es auf den Zündstein, ein Stück Eisenkies (Pyrit), und die dabei enstehenden Funken brachten das in Zündpfanne und Zündloch aufgeschüttete Zündkraut zur Verbrennung und dadurch die im Lauf befindliche Pulverladung zur Explosion. War ein Gewehr auch mit einer Abzugssicherung ausgestattet, konnte es in geladenem Zustand jederzeit schußbereit, aber sicher transportiert werden.

Die erste bildliche Darstellung des Radschloßsystems findet sich in dem 1505 für die Nürnberger Familie Löffelholz verfaßten Manuskript sowie einige Jahre später im *Codex Atlanticus* des Leonardo da Vinci. Das älteste datierte Radschloß ist der Karabiner aus der Königlichen Rüstkammer zu Madrid, der 1530 von Bartholomäus Marquart von Augsburg für den Kaiser Karl V. hergestellt wurde. Andere Radschloßgewehre und -pistolen lieferte Peter Peck aus München, der eigentlich Uhrmacher war, dem Kaiser. Diese frühen Stücke sind überraschend gut gearbeitet und so kompliziert wie Uhrwerke.

Es ist nicht überraschend, daß viele Jäger das gute alte Luntenschloß bevorzugten, das zwar vielleicht unhandlich im Gebrauch war, auf dessen Funktionieren man sich aber normalerweise immer verlassen konnte. Peter Peck ist

***Rechts oben:* Radschloßbüchse mit gravierten Doppelhähnen, von Wolf Paumgartner für den Erzbischof von Salzburg 1568 hergestellt (Deutsches Jagdmuseum, München).**
***Oben:* Radschloßkarabiner, von Georg Zellner um 1590 für die Garde eines Erzbischofs gearbeitet (Kunsthistorisches Museum, Wien).**
***Rechts:* Kolben eines Luntenschloßgewehres aus Hirschgeweih mit Perlmutteinlagen, Niederlande, um 1590 (Ehem. Pauilhac-Sammlung im Musée de la Chasse, Paris).**

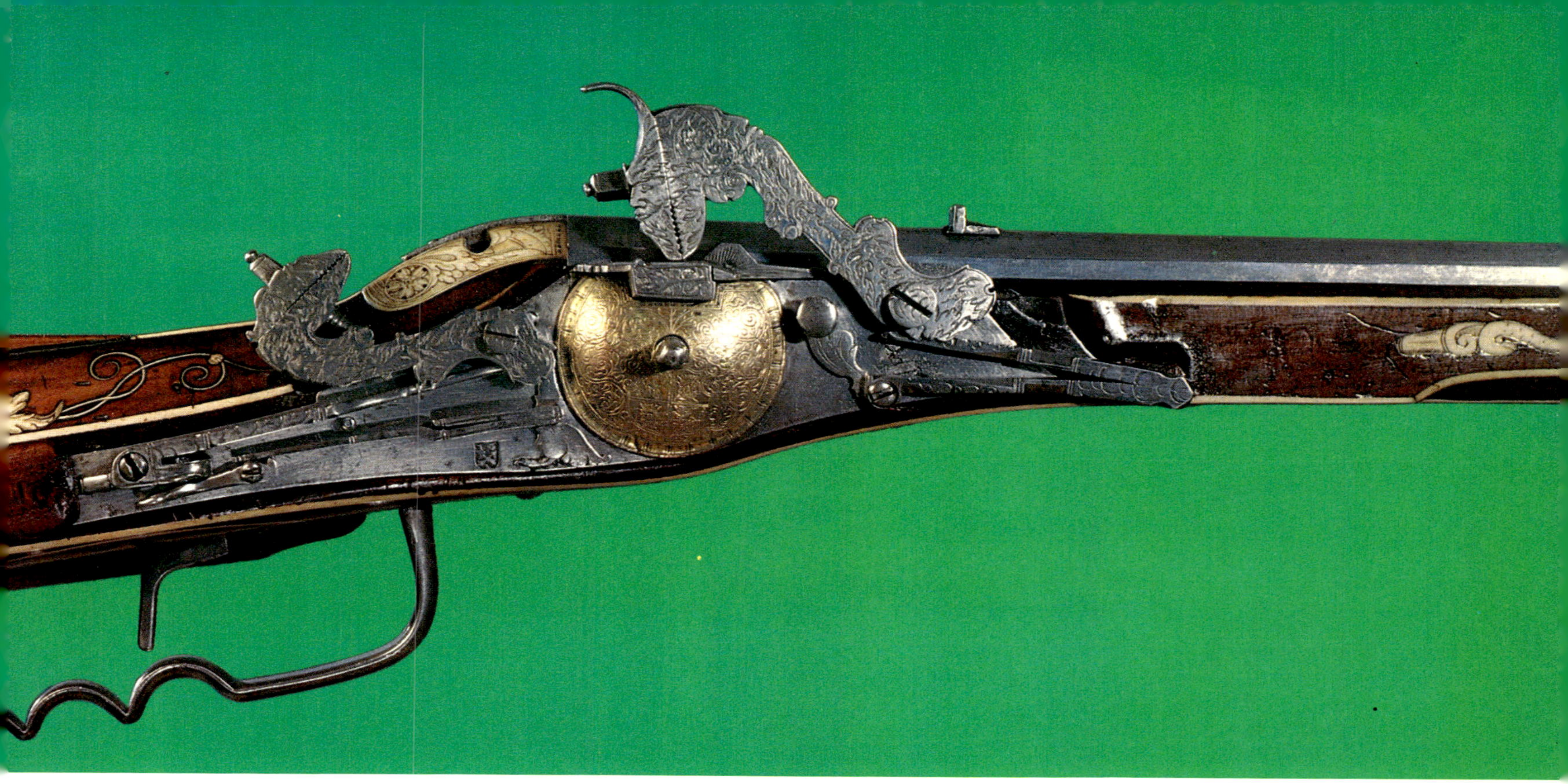

auch der Konstrukteur eines prachtvollen heute im Bayerischen Nationalmuseum ausgestellten Hinterlader-Radschloßgewehres, das er für Großherzog Ferdinand II. herstellte. Diese Waffe ist eines der ersten Zeugnisse für die Zusammenarbeit zwischen Büchsenmacherei und Kunsthandwerk, was später zum typischen Merkmal der Prunkwaffen werden sollte.

Über das ganze 16. Jahrhundert hin blieb das Luntenschloßgewehr die gebräuchlichste Waffe, da das Radschloß noch zu teuer in der Herstellung war. Die meisten Gemälde aus dieser Zeit und die Stiche, die auf den Zeichnungen von Künstlern wie Jost Amman und Stradanus beruhen, zeigen, daß das Wild — am beliebtesten waren Wasservögel auf Seen und Flüssen — von hinten angepirscht und aus einer künstlichen Deckung heraus erlegt wurde. Der Versuch, auf fliegende Vögel oder andere bewegliche Ziele zu schießen, war von vorneherein aussichtslos. Stradanus stellte seine Jäger oft mit Luntenschloßgewehren dar, die einen schräg nach unten verlaufenden Kolben hatten, der ursprünglich dazu geschaffen war, die Waffe gegen die Brust zu stemmen, daher ihr Name « Petrinal » (von dem französischen *poitrine* = Brust).

Eine andere Form des Luntenschlosses kam in Deutschland gegen Ende des 16. Jahrhunderts auf. Dieses hatte einen charakteristischen Schnappmechanismus. Zum Feuern wurde die Lunte zunächst gegen den Druck der Schlagfeder gespannt. Beim Auslösen schlug die zwischen die Lippe des Hahns geklemmte Lunte in die Zündpfanne hinunter. Für dieses Schloß wurde auch eine neue Kolbenform geschaffen,

***Oben:* Luntenschloßgewehr des Erzherzogs Karl II. von Hans Paumgartner, Graz, 1570 (Kunsthistorisches Museum, Wien). *Rechts:* Detail der Verzierungen auf dem auf S. 11 gezeigten Gewehr: ein Satyr . . .**

VENUS

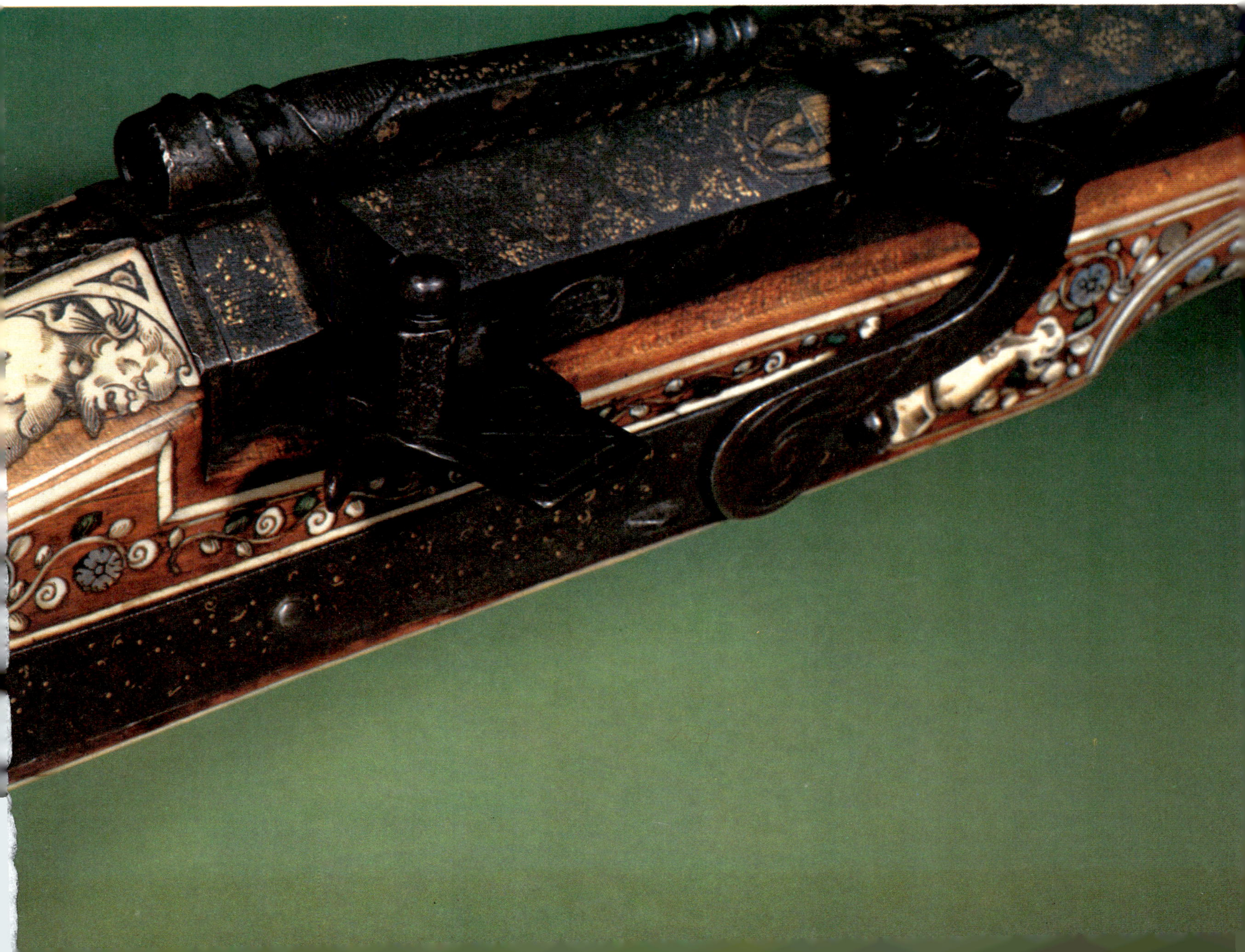

Oben : Einlagen aus Messing und Perlmutt auf einer Radschloßbüchse, Deutschland, um 1660 (Ehem. Pauilhac-Sammlung im Musée de la Chasse, Paris). *Unten* : Petrinal mit äußerem Rad, Frankreich, um 1590. *Rechts oben* : Radschloßbüchse mit äußerem Rad, Süddeutschland, um 1590 (Musée de la Chasse, Paris). *Darunter* : Jagdgarnitur, Frankreich, um 1595 (Kunsth. Mus., Wien).

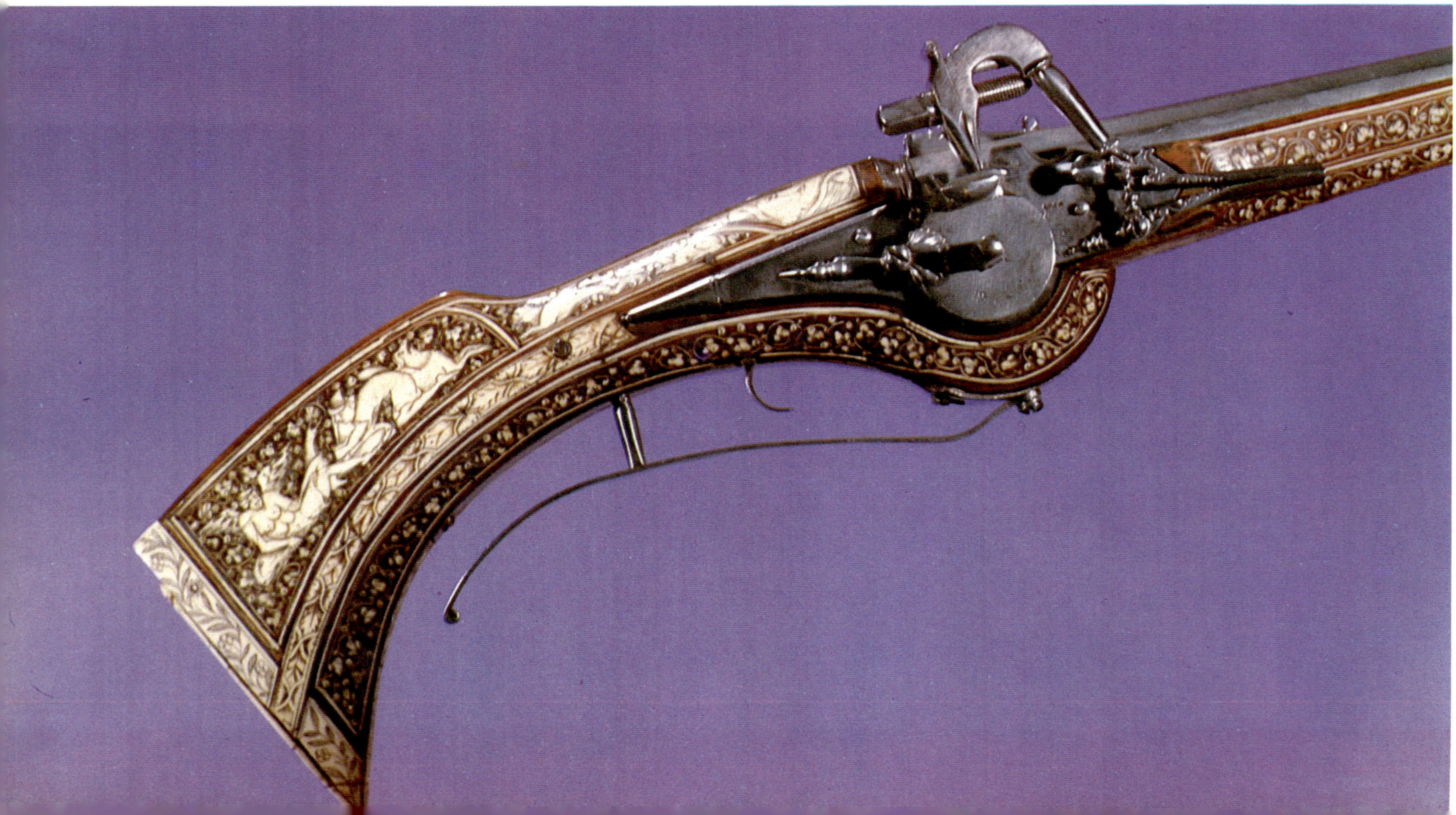

die es ermöglichte, ihn an die Wange zu legen; er war kurz und unten für drei Finger der rechten Hand ausgekehlt; der Zeigefinger blieb frei für den Abzug, der in einer weiteren Rille saß. Dieses Gewehr erlaubte ein genaueres Zielen, auch waren die meisten mit Zielfernrohren ausgestattet und hatten einen gezogenen Lauf. Das Ziehen des Gewehrlaufes, das offenbar kurz nach der Einführung des Radschlosses entwickelt worden ist, wurde bald zur Regel für Gewehre zum Zielscheibenschießen und für die Jagd auf Großwild.

Die neuen Luntenschloßgewehre waren fast ausnahmslos verziert mit herrlich gravierten Hirschhorneinlagen. Das prächtigste erhaltene Exemplar ist das 1570 von dem Grazer Büchsenmacher Hans Paumgartner für den Erzherzog Karl von Steiermark hergestellte. Das Schloß, dessen Hahn die Gestalt eines Ungeheuers mit vergoldeten Schuppen hat, und der Lauf sind vollkommen mit Arabesken in Gold und Silber damasziert. Eine Waffe, auf der in verschwenderischster Weise alle denkbaren Arten von Verzierungen angebracht sind, ist ein nun in der Waffensammlung des Tower of London ausgestellter 1581 datierte Radschloßkarabiner. Die Pracht seines ziselierten und vergoldeten Metalls und des intarsierten Holzes wird durch zwei auf beiden Seiten des Kolbens angebrachte Glasmedaillons ergänzt. Unter einem Glas ist auf goldenem Grund ein Vergißmeinicht mit der Inschrift *vergis mein nit* aufgemalt. Erhielt ein Jäger dieses Gewehr als Geschenk aus den Händen einer liebenden Frau?

Im Laufe des 16. Jahrhunderts schufen einige der großen Künstler der Epoche – Hans Holbein der Jüngere in London, Virgil Solis aus Nürnberg, Filippo Orso aus Mantua und Pierre Woeriot aus Lyon – um nur einige zu nennen, Vorlagen für Waffenverzierungen. Zu ihren beliebtesten Motiven zählten biblische, mythologische und Szenen von der Jagd, doch hatte der Weidmann im allgemeinen auch einen ausgeprägten Sinn für Humor. Der deutsche Künstler Israhel van Mechenem z. B. arbeitete Gravuren nach der Fabel von den Hasen, die ihre Erzfeinde, den Menschen und den Fuchs fangen. Auf einigen Radschloßbüchsen finden wir daher Szenen, wo die bösen Jäger von den Hasen am Spieß gebraten werden.

Das billige aber plumpe Luntenschloß und das kostspielige und komplizierte Radschloß stellten sozusagen die beiden Extreme der Gewehrschloßtechnik dar. Im 16 Jahrhundert wurde eine dritte Schloßform entwickelt, die als Steinschloß bekannt ist. Sein Mechanismus funktionierte wie folgt: Der zwischen den Hahnlippen befestigte Feuerstein (Flintstein) schlug hart gegen ein Stück Stahl und erzeugte dabei Funken, die das Zündpulver zum Verbrennen brachten. Dieses Schloß wird zum erstenmal in einer florentinischen Verordnung aus dem Jahre 1547 und in einem schwedischen Königlichen Register aus demselben Jahr erwähnt, wo dafür das Wort *schnapplas* oder Schnappschloß gebraucht wird. Dieses Wort bezog sich auf den Schnappmechanismus des Steinschloßhahns, wenn dieser seinen Zündstein gegen den Feuerstahl über der Zündpfanne schlug. Die englische Entsprechung « snaphaunce » wird noch heute gebraucht, um

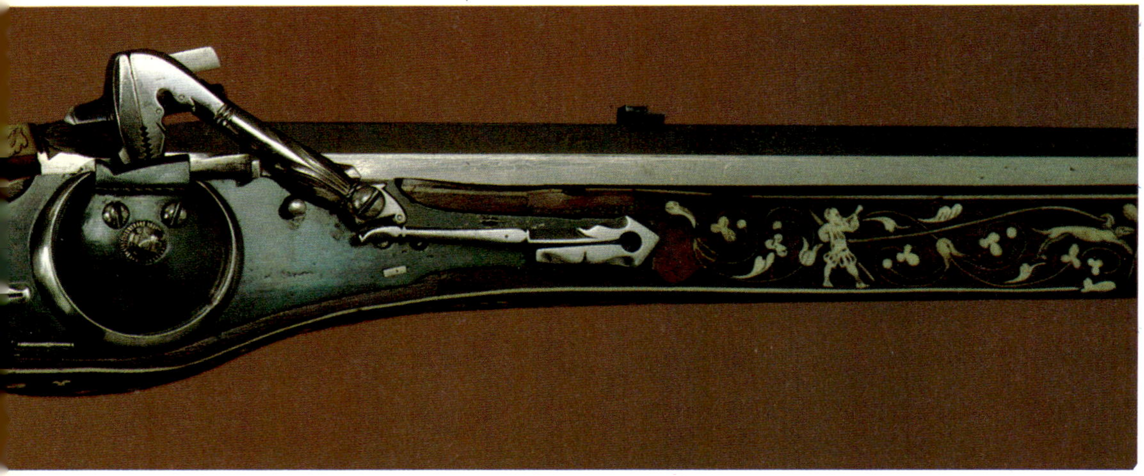

dieses frühe Steinschloß zu unterscheiden).

Gegen Ende des 16. Jahrhunderts hatten die europäischen Büchsenmacher den Weg für die Entwicklung der zukünftigen Feuerwaffenmodelle gewiesen. Die meisten unter ihnen arbeiteten nun in offiziellen Manufakturen wie in Augsburg, Nürnberg, Amsterdam, London, Paris und Brescia, wo die Hersteller der verschiedenen Teile und die für die Ziertechnik zuständigen Künstler in einem angemessenen Rahmen zusammenarbeiten konnten.

Links: Zwei Details eines Radschloßgewehres von Valentin Klett, Deutschland, Esslingen, 1556 (Kunsthistorisches Museum, Wien). _Oben:_ Pulverflasche vom Ende des 16. Jh. (Ehem. Pauilhac-Sammlung im Musée de la Chasse, Paris). _Oben rechts:_ Zwei Radschloßbüchsen aus dem 16. Jh. (Sotheby's London). _Unten:_ Federbolzengewehr mit Radspanner, Süddeutschland, 16. Jh. (Kunsthistorisches Museum, Wien). _Folgende Seiten:_ Französischer Radschloßkarabiner, 1581 (Tower of London Armouries).

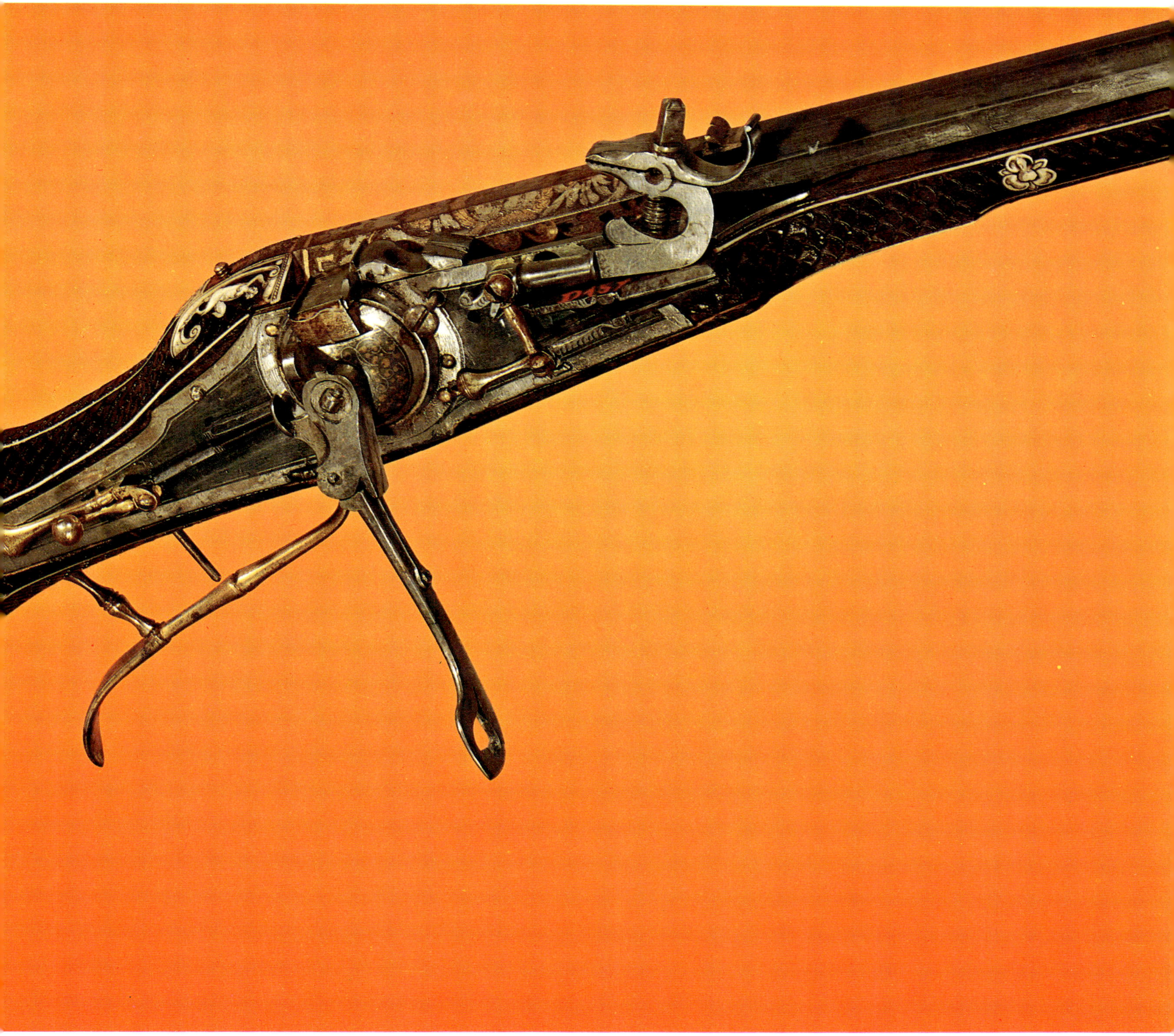

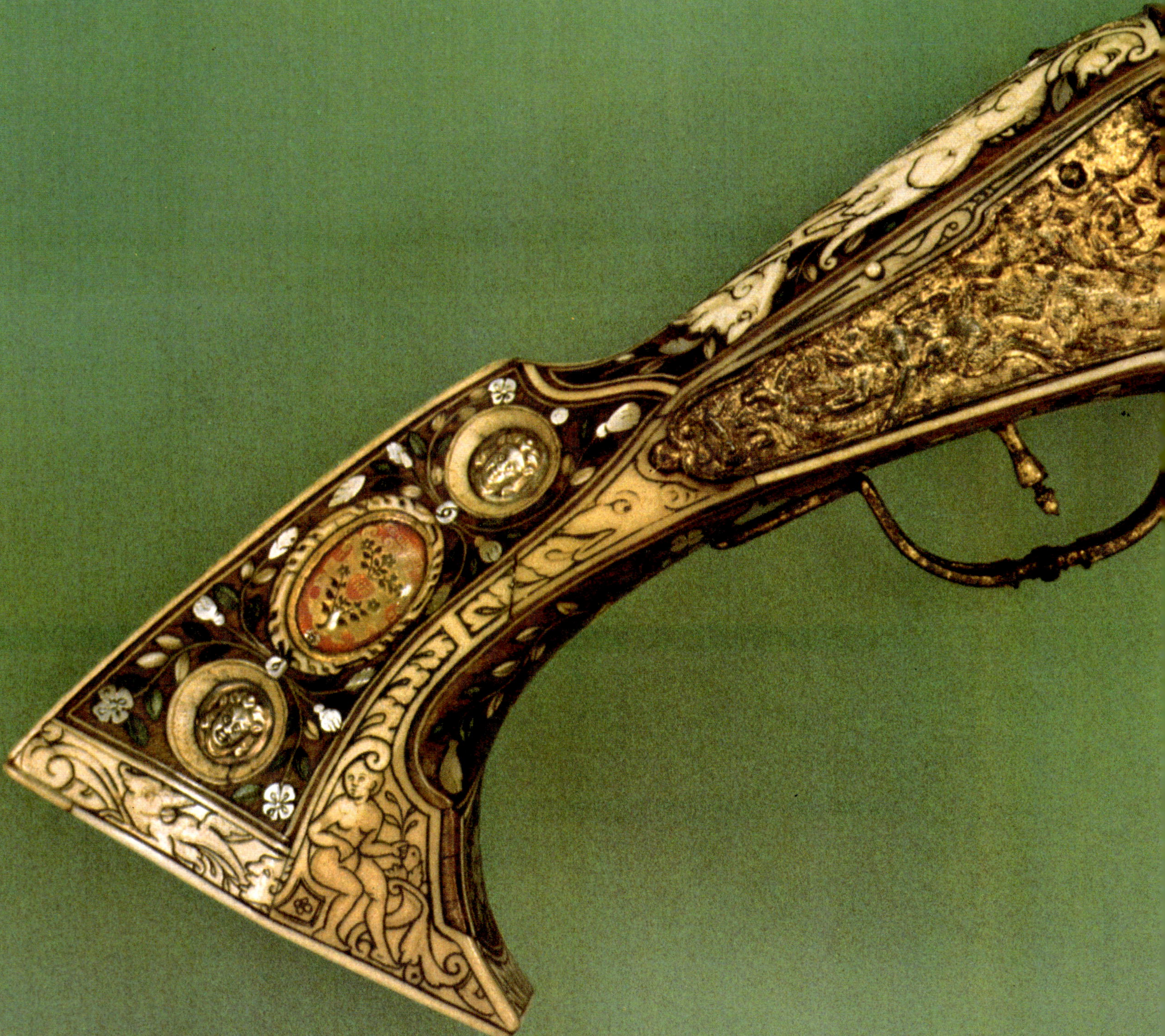

3. DAS 17. JAHRHUNDERT

Zu Beginn des 17. Jahrhunderts mußte der Jäger mit dem Luntenschloßjagdgewehr nahe an sein Ziel herangehen und schießen, bevor es sich bewegte. Radschloßgewehre jedoch wurden nun allmählich auch für bewegliche Ziele und auf größere Entfernungen benutzt, obwohl dies eine recht umständliche Prozedur war. Die Gewehre hatten schwere gezogene Läufe und wurde auf die Weise abgefeuert, indem man ihren kurzen Kolben an die Wange legte, wobei das Gewicht des Laufs ausreichte, um den Rückstoß aufzufangen. Sie waren nicht

***Oben und links*: Drei Details des auf den vorhergehenden Seiten gezeigten « Vergißmeinicht »- Gewehrs, mit einem Medaillon, unter dem die Blume mit der Inschrift « vergis mein nit » zu sehen ist. *Rechts* : Zwei Luntenschloßmusketen, Deutschland, um 1600. Das obere trägt das Besitzermonogramm R.G. ; das untere hat einen stark nach abwärts geneigten Kolben mit gravierten Beineinlagen (beide : Deutsches Jagdmuseum, München).**

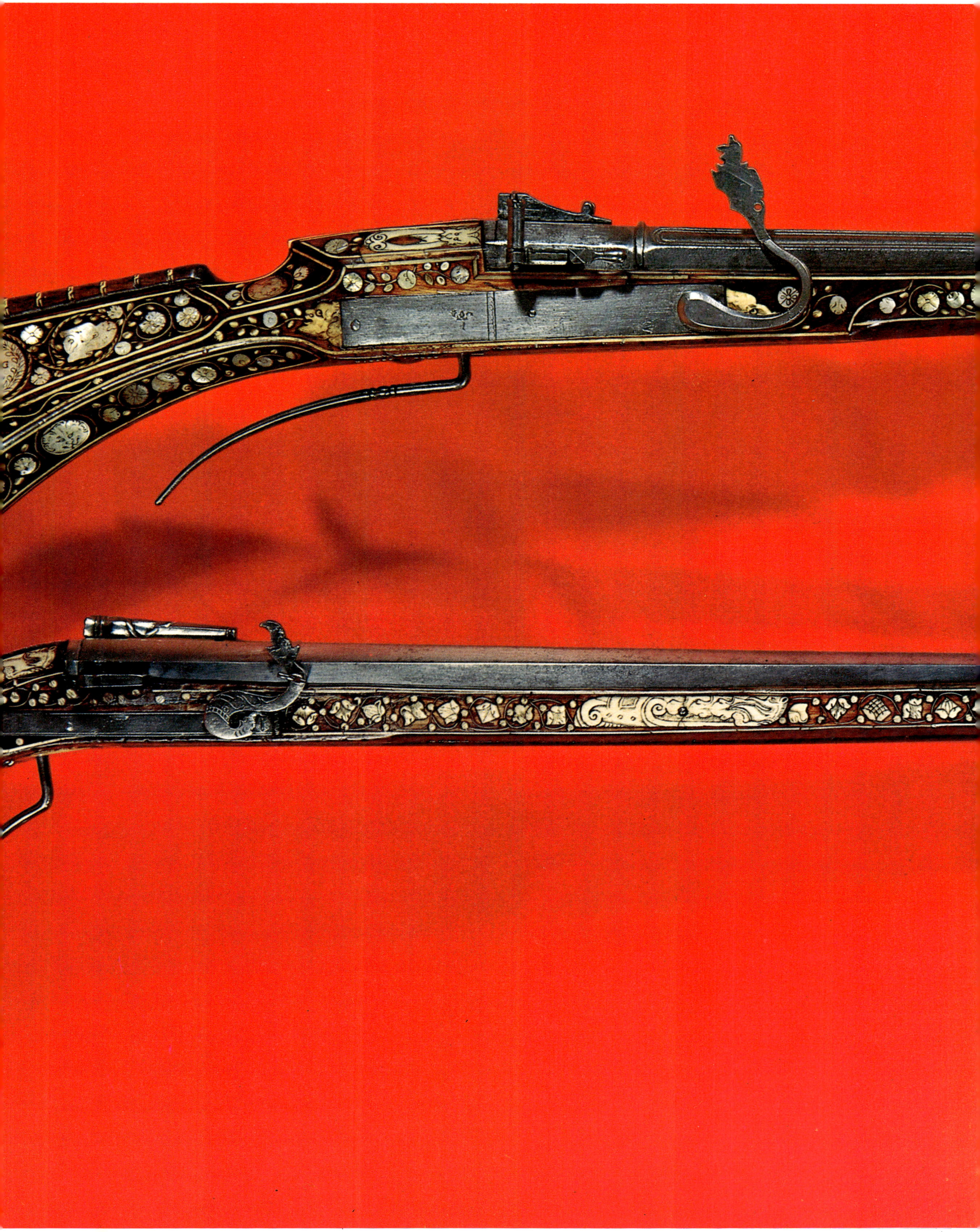

einfach zu laden: die in einem Stück Tuch eingewickelte Bleikugel mußte mit einem Ladestock, manchmal auch mit einem Holzhammer in den gewundenen Lauf gestoßen werden. In der Nähe von Tetschen im Norden Böhmens wurde eine wesentlich leichtere Form des Radschloßgewehres entwickelt. Sie sollte in erster Linie dem Schießen auf sitzende Vögel dienen und ist heute unter der Bezeichnung Teschinke nach dem tschechischen Namen der Stadt bekannt.

Die Tschinke hat eine sehr charakteristische Form : der kleine Kolben, der an die Wange angelegt wird, ist sehr stark abwärts geneigt und die Form des Schlosses ihm angepaßt. Im Gegensatz zu anderen Radschlössern liegt der ganze Radschloßmechanismus außen, wodurch sich die Länge des Schafts verringert, was die ganze Waffe weniger plump und leichter zu handhaben macht. Der ganzschäftige Lauf hat ein kleines Kaliber. Die Oberfläche des Walnußholzschaftes ist reich mit Intarsien aus Perlmutt, Messing und bemaltem Horn verziert, der Lauf oft mit ziseliertem Messing überzogen und das hintere Laufende und die Hahnfeder sind mit Kupfersticharbeiten geschmückt.

Das Radschloß war vor allem in Deutschland und Österreich verbreitet. In England und Holland bevorzugte man das Schnapphahnschloß. Die meisten Waffen waren von einfacher Ausführung, doch zeigten die Damaszener und Stahlziseleure aus London und Amsterdam eine immer größere Kunstfertigkeit im Verzieren der Waffen, und der große Hahn oder Flintsteinhalter des Schnapphahnschlosses eignete sich hervorragend für die extravagantesten Ornamente. In den Jahren 1604 und 1614 übersandte James I. von England Philip III. von Spanien eine Reihe von Geschenken, unter denen sich auch Armbrüste und Gewehre befanden. Sie waren wahrscheinlich von dem Londoner Büchsenmacher Stephen Russell hergestellt worden, der einer Familie von Armbrustmachern entstammte. Heute sind nur noch Teile von diesen Gewehren in der Königlichen Rüstkammer zu Madrid erhalten.

Das Schnapphahnschloß wurde auch in Rußland übernommen, was darauf zurückzuführen ist, daß englische Händler der Moskauer Handelsgesellschaft, die intensiv mit Moskau zusammenarbeiteten, solche Gewehre in das Land einführten. Im Jahre 1604 schenkte der englische Botschafter, Sir Thomas Smith, dem Zar Boris Godunov zwei Schnapphahnpistolen als Zeichen der Freundschaft, und im Jahre 1625 überreichte der englische Gesandte Fabian Smith dem Zaren Michael Romanoff ein wundervolles Schnapphahngewehr, das noch heute im Moskauer Kreml aufbewahrt wird. Das Schnapphahnschloß wurde von russischen Büchsenmachern der Rüstkammer des Kremls kopiert, die daraus ihre eigenen exotischen Varianten ableiteten. Peter der Große ließ 1692 ein solches Beispiel äußerst fremdländisch anmutender Ziselierkunst herstellen — lange nachdem das Schnapphahnschloß im Ausland schon von einem neuen Steinschloß verdrängt worden war.

***Oben* : Kameengewehr des Kaisers Leopold I., Aachen, um 1657. *Rechts* : Steinschloßkarabiner von Felix Werder, Zürich, 1652 (Kunsthistorisches Museum, Wien).**

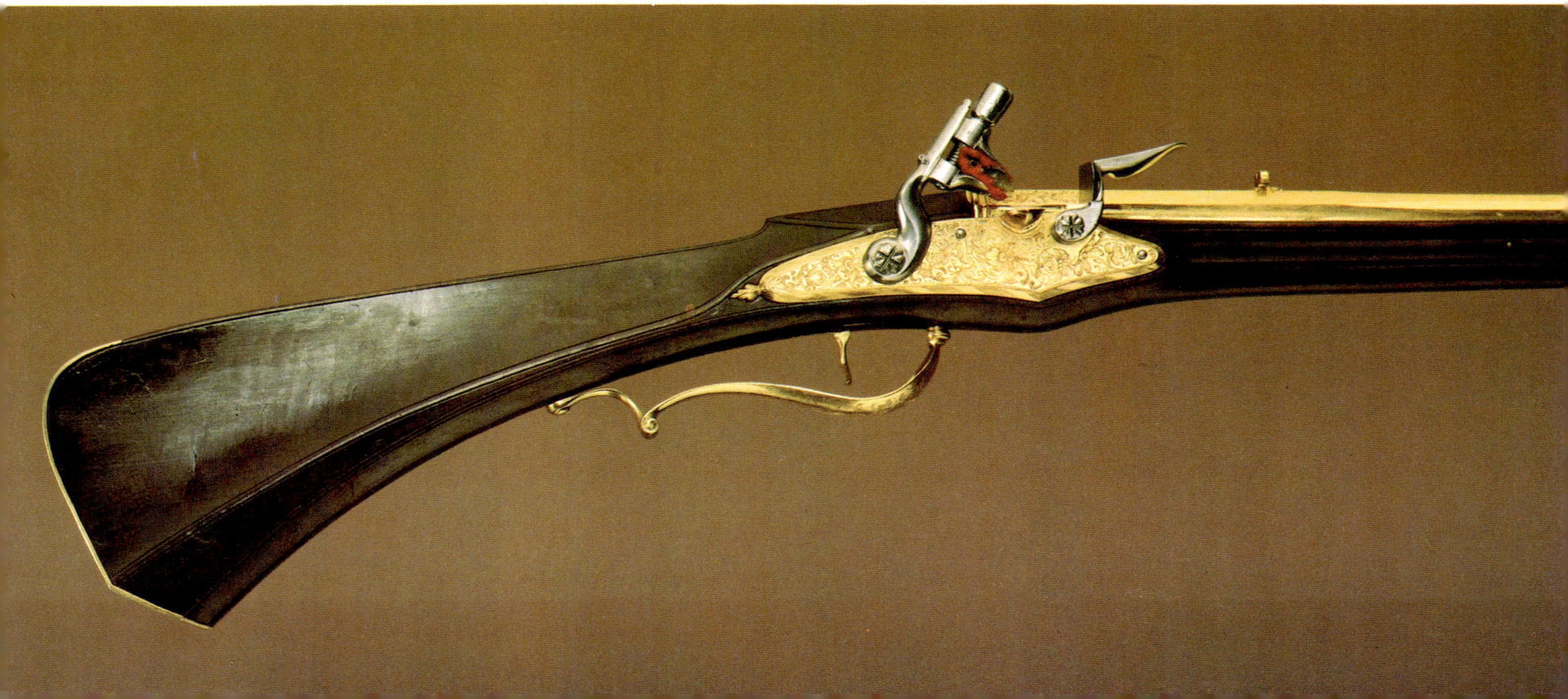

In Schottland wurde ebenfalls eine spezielle Form des Schnapphahnschlosses entwickelt, und man ging später nur zögernd wieder davon ab. Die frühen schottischen Schnapphahnschloßgewehre hatten lange Läufe in schmalen Schäften mit schaufelförmigen Kolben. Die Schlösser entsprechen im Grunde der niederländischen Vorlage mit einer an der Innenseite der Schloßplatte liegenden Feder, einem seitlichen Abzug, der aus der Schloßplatte hervorsteht, einem beweglichen Pfannendeckel und einem gestrennten Feuerstahl.

Doch ist die Schloßplatte lang und schmal mit Kreuzblumen an beiden Enden. Typisch für diese Gewehre sind der Abzugsbügel, der in einer kleinen Spirale oder Scheibe endet, und ein Hahn mit einem flachen Kamm, der wie ein Pferdeschwanz nach hinten verläuft. Die hölzernen Schäfte der schottischen Gewehre sind nur sehr sparsam verziert, doch besitzt ein 1614 datiertes Jagdgewehr aus dem Tower von London einen Schaft aus rotem Brasilholz mit Silbereinlagen in Form von Disteln (dem Emblem Schottlands), Rosen sowie geometrischen Mustern. Es ist deshalb von besonderem Interesse, weil es die Inventarnummer 129 des *Cabinet d'Armes* Ludwigs XIII. von Frankreich trägt.

Ludwig XIII. (1601 – 1646) war einer der ersten Gewehrsammler. Er erhielt sein erstes Stück, als er drei Jahre alt war, und im Alter von zehn Jahren hatte er bereits sieben Gewehre. 1614 war die Sammlung des Dreizehnjährigen auf über vierzig Gewehre aller Art angewachsen, und man erzählt von ihm, er habe aus dem Sattel schießen und Vögel im Flug treffen können. Wenn also irgend jemand die Entwicklung leichterer Jagdgewehre unterstützen sollte, dann der junge König von Frankreich, der 1610 gekrönt wurde. In der Tat waren es französische Büchsenmacher, die unter seiner Schutzherrschaft eine wesentlich leichtere und einfachere Form des Steinschlosses entwickelten, das deshalb den Namen 'französisches Steinschloß' bekam. Die Erfindung dieses neuen Schlosses wird drei Angehörigen der Familie Le Bourgeois, Marin, Jean und Pierre, die als Schlosser, Uhrmacher, Armbrust- und Büchsenmacher in Lisieux in Nordfrankreich arbeiteten, zugeschrieben. Der bedeutendste der drei Brüder war Marin, welcher im Jahre 1598 vom König zum *peintre*

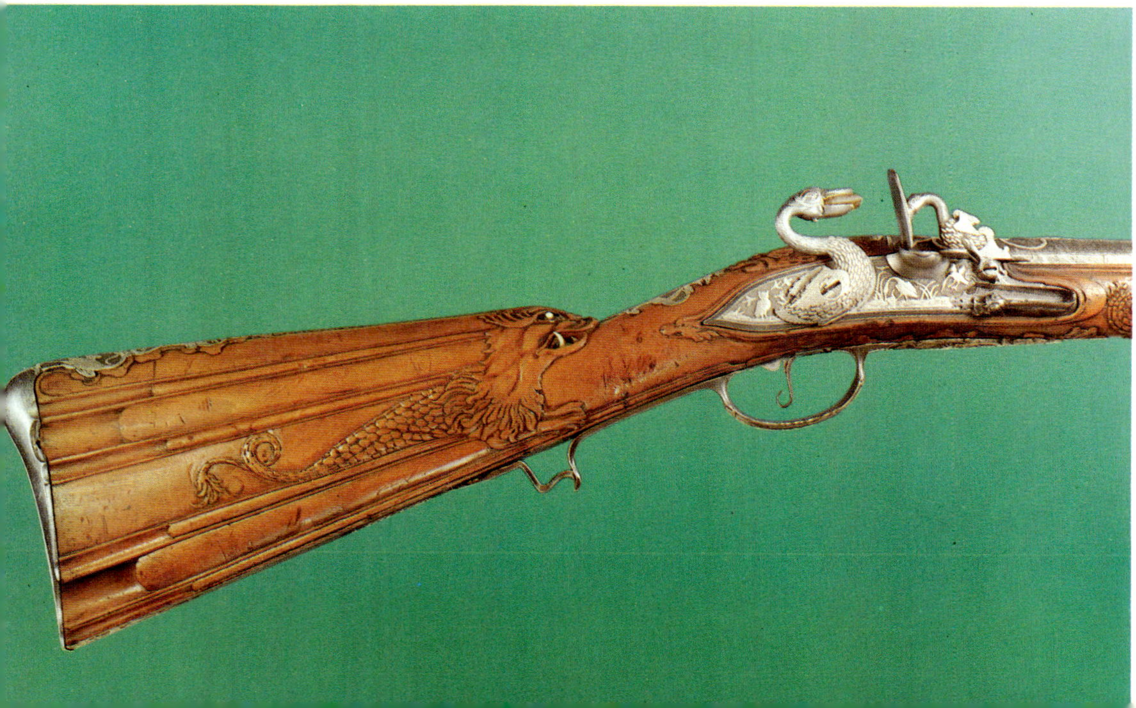

***Oben*: Zwei Steinschloßgewehre, eines mit Perlmutteinlagen am Schaft, das andere mit besticktem Samt am Kolben. Der Lauf trägt den Namen *Lazari Cominaz*, Türkei, Ende 17. Jh. (Victoria and Albert Museum, London). *Links*: Steinschloßgwehr, Niederlande, um 1680. Das niederländische Schloß zeigt in plastischem Eisenschnitt und Silbertausia Schwan, Reiher, Wildenten und eine Eule. Französischer Schaft, auf der silbertauschierten Eisenmontierung groteske Tierdarstellungen. Rechts: Steinschloßgewehr von Pierre le Bourgeoys aus Lisieux, um 1615 (Metropolitan Museum of Art, Rogers and Harris Brisbane Dick Funds, 1972). Siehe auch Vorsatz.**

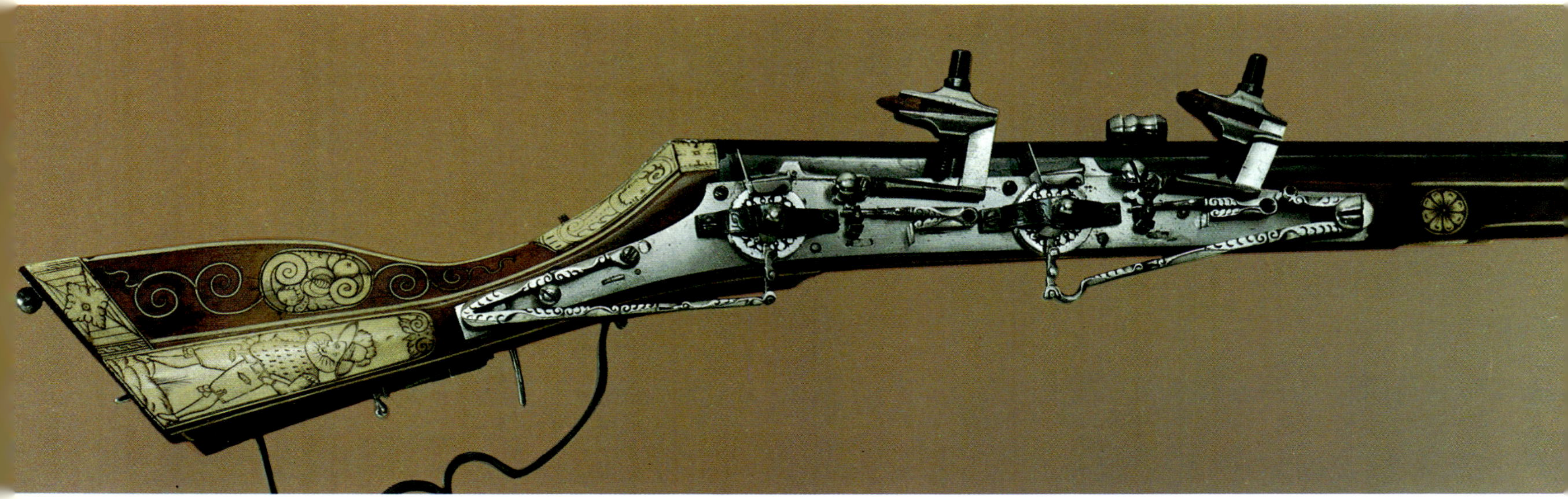

et valet de chambres et ouvrier en globes mouvans, sculpteur, et autres inventions mécaniques bestellt wurde. Sein umfangreicher Titel vermittelt einen Eindruck von seinem vielfältigen wissenschaftlichen und künstlerischen Talent. Eines seiner Gewehre, die Nr. 152 aus Ludwigs XIII. Gewehrkammer, heute im Museum Eremitage in Leningrad, ist ein überwältigendes Beispiel seiner Zierkunst. Doch von größtem Interesse ist daran das Schloß, denn es hat als eines der ersten einen Pfannendeckel, der mit dem Feuerstahl aus einem Stück (Batterie) gefertigt ist, sowie eine vereinfachte Form des Abzugstollens. Andere von Marin und seinen Brüdern hergestellte Gewehre sind mit diesen Schlössern ausgestattet und machten Lisieux zur Geburtsstadt einer neuen Generation leichter, einfacher und leistungsfähiger Steinschloßgewehre. Die tatsächliche Entwicklung leichter Jagdgewehre, die sich zum Schießen auf bewegliche Ziele auf dem Boden und in der Luft eignen, verdanken wir italienischen Büchsenmachern. Für diese leichten Gewehre wurden alle Arten von Schlössern, Radschlösser, Schnapphahnschlösser und Steinschlösser verwandt, doch waren sie alle wesentlich kleiner und von einer Formgebung und Verzierung wie man sie nur in Italien fand. Das Schnapphahnschloß *alla fiorentina* inspirierte die italienischen Stahlschneider zu ganz besonders kunstvollen Verzierungen. Eine Waffe aus der Odescalchi-Sammlung in Rom hat einen Hahn in Form eines Drachens, dessen Zähne den Zündstein umklammern, während der Feuerstrahl von einem Satyr gehalten wird. Italienische Büchsenmacher experimentierten auch mit dem französischen Steinschloß, kamen aber nach und nach zu einem

***Oben:* Doppelschloß-Teschinke, Tetschen 1610 (Kunsthistorisches Museum, Wien). *Unten:* Eine weitere Teschinke mit Radschloß, Schaft mit geometrisch angeordneten, gravierten Messing- und gefärbten Beineinlagen ausgeschmückt, um 1620. Kabinett des Fürsten Thun, Tetschen (Deut-**

Steinschloß mit außen liegender Schlagfeder, die direkt Druck auf den Hahn an der Außenseite statt auf die Nuß im Inneren des Schlosses ausübte. Dieses Schloß *alla Romana* wurde vorwiegend in Mittel- und Süditalien verwandt.

Die Gewehre der norditalienischen Büchsenmacher in Brescia und Umgebung entwickelten sich zu den meistbegehrten Feuerwaffen Europas. Im Jahre 1638 bestellte der venezianische Senat ein Pistolenpaar und zwei Karabiner als Geschenk für Ludwig XIII. von Frankreich. Fünf Handwerker waren an ihrer Fertigung beteiligt : der Laufschmied Lazarino Cominazzi, der Schloßmacher Giovanni Gavazolo, der Einlegemeister Giacinto Secardo, der Ziseleur Antonio Gosi und sein Sohn Carlo Francesco. Sie schufen gemeinsam dunkle Walnußholzschäfte, die mit feinstem Filigranwerk aus Blankstahl eingelegt waren. Die Schlösser und Beschläge waren mit großer Virtuosität ziseliert. Als der König diese Meisterwerke in Händen hielt, war er überwältigt und gestand dem italienischen Botschafter, er habe mehr als zweihundert Waffen in seiner Gewehrkammer, doch alle zusammen seien nicht so viel wert wie eine von diesen.

Der Stil der italienischen Büchsenmacher übte auch einen Einfluß auf Spanien aus, wo man auf einigen katalanischen Gewehren Me-

sches Jagdmuseum, München). *Rechts:* Detail der Verzierung aus Perlmutt auf Hirschgeweih einer Teschinke, Litauen, um 1630/40 (Leihgabe des Musée de l'Armée im Musée de la Chasse, Paris).

tallflechtwerk findet. In Spanien war gutes Walnußholz allerdings rar, und die Büchsenmacher waren gezwungen, Holz von Obstbäumen, Ahorn, Pappel oder Eiche zu verwenden, was sich wiederum auf die Formen von Lauf und Schloß auswirkte. Die Läufe wurden mit Metallbändern (*capucine*) anstatt mit Stiften und Klammern an den Schäften befestigt, und wenn möglich wurden Schlösser mit äußeren Mechanismen bevorzugt. In Spanien wandte man sich bald wieder vom Radschloß ab, und ein heute unter dem Namen Miquelet-Schloß bekanntes Steinschloß setzte sich durch. Es unterschied sich von dem italienischen Schloß dadurch, daß hier der Hahn von der Feder an seiner 'Ferse' nach oben, anstatt an seiner 'Zehe' nach unten gedrückt wird.

In Nordeuropa schöpften die Büchsenmacher aus der ganzen Fülle des verfügbaren einheimischen und exotischen Materials. Viele, die ihre Schäfte signierten, oder ihre Initialien einschnitten, waren wahrscheinlich auch Kunsttischler. Ein Handwerker konnte nach seiner Signatur identifiziert werden, die auf einem mit Intarsien verzierten Gewehrkoffer aus Walnußholz der Wallace Collection in London angebracht ist : *« Fait en Massevaux par Jean Conrad Tornier Monsteur d'harquebisses l'en 1630 »*. Die farbigen Beineinlagen in Form von Früchten, Blumen und Jagdszenen beruhen auf den Vorlagen des Künstlers Michael le Blon, der um 1610 in Amsterdam lebte. Tornier lieferte seine Schäfte an Kunden in aller Herren Ländern. Ein Gewehr mit einem Tornier-Schaft, das nun im Tower von London aufbewahrt wird, ist ein gutes Beispiel dieser universalen Kunst, die alle Landesgrenzen überschritt. Es ist vollkommen mit Intarsien in holländischen Mustern wie denen auf dem Koffer ausgelegt und mit einem Kolben nach französischem Vorbild versehen. Das Schloß trägt die Initialen von Franz Kruter aus Solothurn in der Schweiz; im Lauf sind die Initialen IS des Schmieds und das Datum 1646 eingeschnitten.

Nur wenige Schweizer Büchsenmacher des 17. Jahrhunderts gelangten zu ähnlicher Berühmtheit wie der Züricher Felix Werder. Seine Gewehre sind leicht an der Signatur *Felix Werder fecit Tiguri* (Tiguris lateinisch für Zürich) oder an ihrer einzig für Werder typischen Konstruktion zu erkennen. Werder war Mitglied der Züricher Goldschmiede-Gilde, und stellte zwischen 1630 und 1660 eine Reihe von Gewehren mit elegant geformten Schäften aus Ebenholz her, in die er vergoldete Messingschloßplatten und Läufe mit ebensolchen Beschlägen einsetzte. Er vervollkommnete eine Methode, bei der er Messingläufe schmiedete, die weitgehend kaltgehämmert waren, so daß sie schließlich wesentlich dünner und stärker als andere gebräuchliche Messingläufe waren. Er war stolz auf sein Geheimrezept und schenkte im Jahre 1652 der Stadt Zürich einen Karabiner und ein Pistolenpaar, die im Städtischen Zeughaus als « Raritäten zur Erinnerung an ihren Erfinder » aufbewahrt werden sollten. Sie befinden sich heute leider nicht mehr dort, und als Werder 1673 starb nahm er sein Geheimnis mit in das Grab.

Obwohl komplizierte Einlegearbeiten in Deutschland langsam aus der Mode kamen,

***Links, oben und unten*: Radschloßbüchse, Prag 1665. Ganzer deutscher reich geschnitzter und bemalter Schaft; jagdliche Motive, von Rankenwerk und Blumen umgeben (Deutsches Jagdmuseum, München). *Unten*: Radschloßbüchse, Schweiz, 1620 (Schweizerisches Jagdmuseum, Landshut).**

waren viele Büchsenmacher weiterhin der festen Überzeugung, das Grundholz bedürfe einer Veredelung. Die Gewehrschäfte wurden dunkel gebeizt oder mit dünnen Furnieren aus farbigerem Material bedeckt. Zumindest zwei bekannte Büchsenmacher, der Augsburger Martin Kammerer (ca. 1650 - 1670) und Matthäus Mätl aus Linz (ca. 1630 - 1660) stellten mit Schildpatt überzogene Schäfte her. Die traditionellen Materialien der Einlegemeister — Bein, Elfenbein und Hirschhorn — fanden auch für die Furniere Verwendung. Martin Kammerer brachte an einigen seiner Gewehre Furniere aus ungeschliffenem Hirschhorn an, dessen rauhe Oberfläche für den Jagdgebrauch sehr praktisch war. Der Meistergewehrschäfter der Münchner Schule, Hieronymus Borstorffer furnierte seine Schäfte ganz mit weißem geschliffenem Hirschhorn in das er Arabesken aus schwarzem Horn oder Ebenholz intarsierte. Die Schönheit seiner Arbeiten wurde dann vollkommen, wenn Schloß und Lauf des Gewehrs von dem großen Münchner Eisenschneider Daniel Sadeler ziseliert und vergoldet waren.

Sadeler, der 1603 zum *Kammervergolder* von Rudolf II. ernannt wurde, arbeitete auch mit dem Augsburger Goldschmied David Alten-

Oben: Weiteres Detail der Teschinke von S. 26 (Kunsthistorisches Museum, Wien). *Rechts:* Zwei Radschloßbüchsen mit Elfenbeinverzierungen um 1670 (Privatsammlung, Victoria and Albert Museum, London).

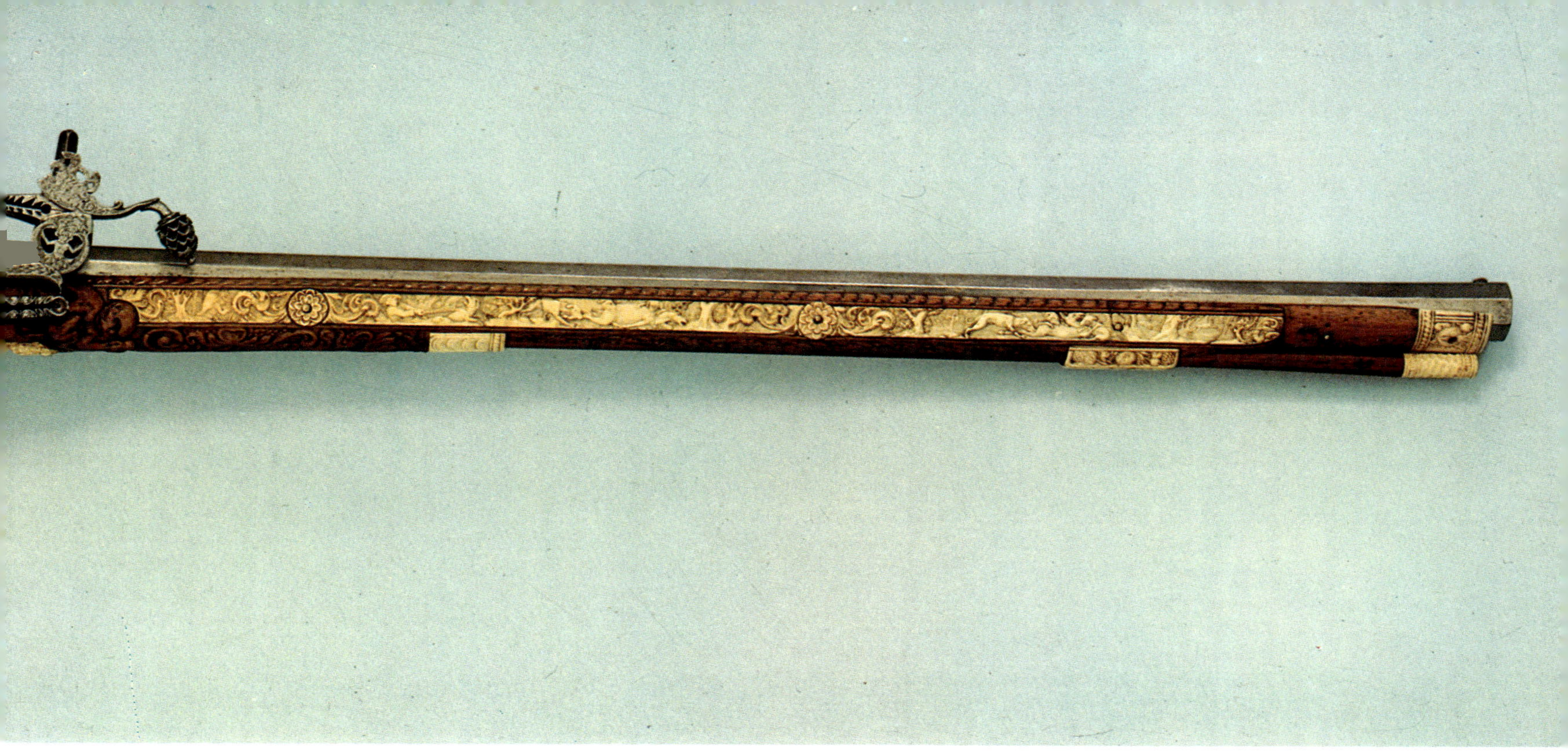

Oben: Radschloßprunkbüchse, Schloßseite u. Pulverflasche, von David Altenstetter und Daniel Sadeler für Kaiser Rudolf II. hergestellt (Kunsthistorisches Museum, Wien). *Rechts:* Radschloßbüchse und Pulverflasche des Erzherzogs Leopold V., von Hans Schmidt, Ferlach 1628. (Kunsthistorisches Museum, Wien). *Unten:* Detail der kolorierten Silbereinlage dieser Waffe.

stetter (1547-1617) zusammen, um mit ihm die prunkvollste aller Feuerwaffen zu bauen. Es handelt sich um ein Radschloßgewehr mit dazugehörigem Pulverhorn, das heute in Wien ausgestellt ist, und wahrscheinlich zwischen 1605 und 1610 in der Kaiserlichen Hofmanufaktur zu Prag hergestellt wurde. Sadeler schuf Schloß und Lauf mit Figuren im Hochrelief auf goldenem Untergrund ; Altenstetter bedeckte den hölzernen Schaft mit Phantasiegebilden aus Silberblech, die er zum Teil vergoldete und reich in kräftigen Farben bemalte. Seine Intarsien mit zart lackiertem Blattwerk und Blumen, zwischen denen sich Vögel, Insekten und andere Tiere tummeln, finden wir auf den großartigsten Schöpfungen aus dieser Zeit.

Diese so überreich verzierten Waffen waren niemals dazu bestimmt, tatsächlich für die Jagd benutzt zu werden. Sie wurden als Ausstellungsstücke für die *Kunst und Wunderkammern* geschaffen, welche für die Höfe Europas eine Quelle des Entzückens (und ebenso des Neids) waren. Ein solches Schmuckstück, das man nur als ein absurdes Beispiel der Zierkunst bezeichnen kann, ist ein heute im Kunsthistorischen Museum in Wien befindliches Steinschloßgewehr von etwa 1650. Es wurde nachträglich, wahrscheinlich für Kaiser Leopold I. (1640-1705) mit Kameen und zahllosen Halbedelsteinen, Perlen und Emailknöpfen besetzt.

Bis heute ist es nicht gelungen, den Namen eines der bedeutendsten Schaftverzierers des 17. Jahrhunderts herauszufinden. Kunsthistoriker gaben ihm den Namen *Meister der Tierkopfranken* wegen der Art und Weise, wie er komplizierte Muster aus Blätterranken schnitzte, die sich in winzig kleinen Köpfen von Ungeheuern und Tieren auflösen.

Einige deutsche Holzschnitzer begannen, die Schäfte mit Farben zu bemalen, um so neuartige Effekte zu erzielen. Im Deutschen Jagdmuseum in München befindet sich eine von Adam Brandt signierte 1665 in Prag hergestellte auffallende Radschloßbüchse, deren Schaft mit grünbemalten barocken Blattranken beschnitzt ist, zwischen denen plastisch hervortretende Hunde einen Hirschen jagen.

Mitte des Jahrhunderts begannen französische Büchsenmacher, die flache, etwas kantige Form ihrer neuen Steinschlösser in eine gefälligere abgerundete Form umzuwandeln. Diese Entwicklung läßt sich an einer Reihe von Musterbüchern der Büchsenmacher ablesen, die aus den Pariser Werkstätten kamen. Zu den daran beteiligten Künstlern zählen François Marcou (1657), Jean Berain (1659) und C. Jacquinet (1660). Jean Berain war Graveur

Oben: **Steinschloßjagdgewehr von J.C. Tornier, Elsaß, 1646. (Tower of London Armouries).** ***Links:*** **Detail des Kolbens.** ***Rechts:*** **Radschloßflinte von Jean Conrad Tornier, Massmünster, Elsaß, 1646 datiert (Kunsthistorisches Museum, Wien).** ***Folgende Seiten:*** **Elfenbein-Radschloßbüchse und Pulverflasche (eingebaute Uhr) Kaiser Leopolds I., von M. Gull (Kunsth. Mus., Wien).**

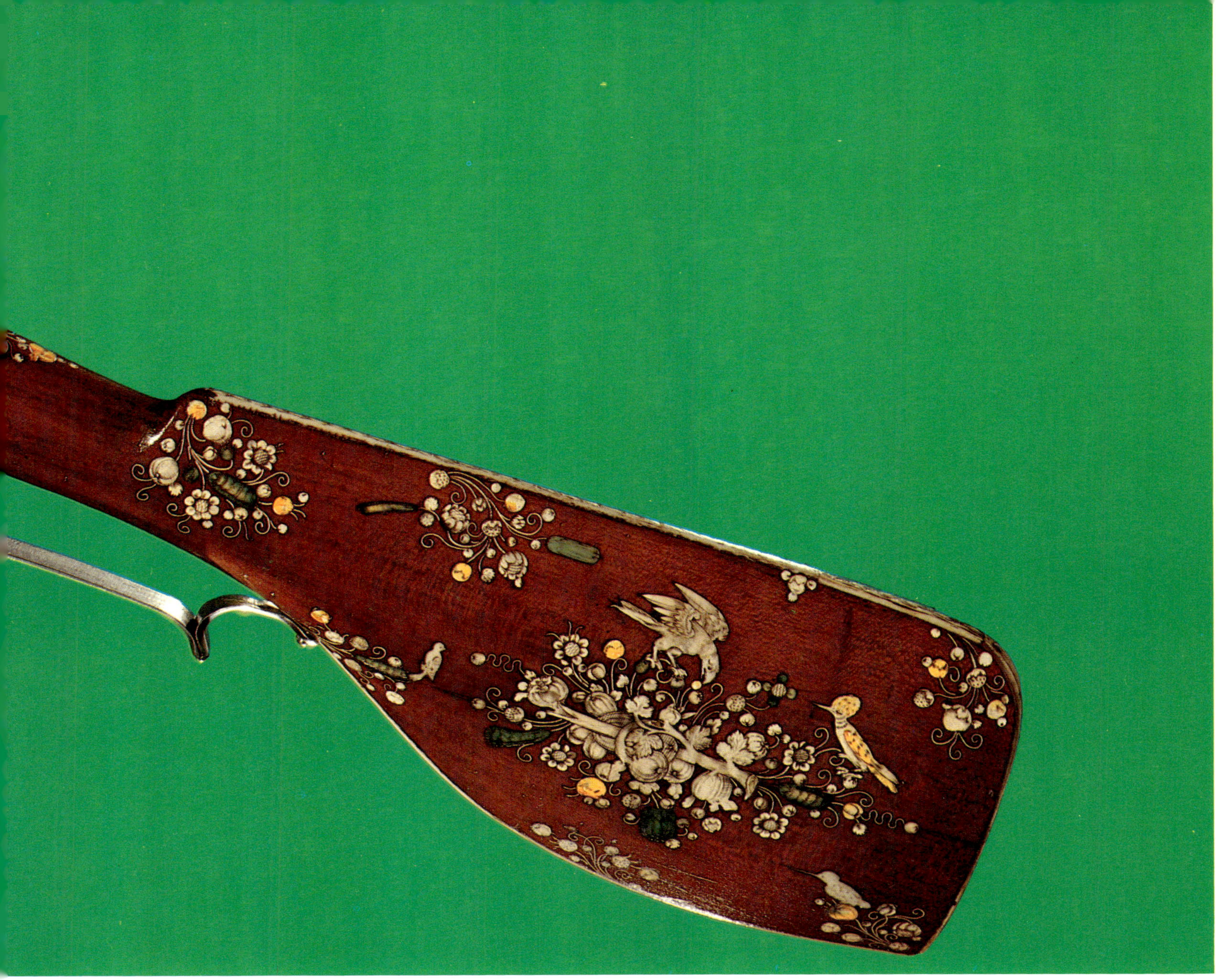

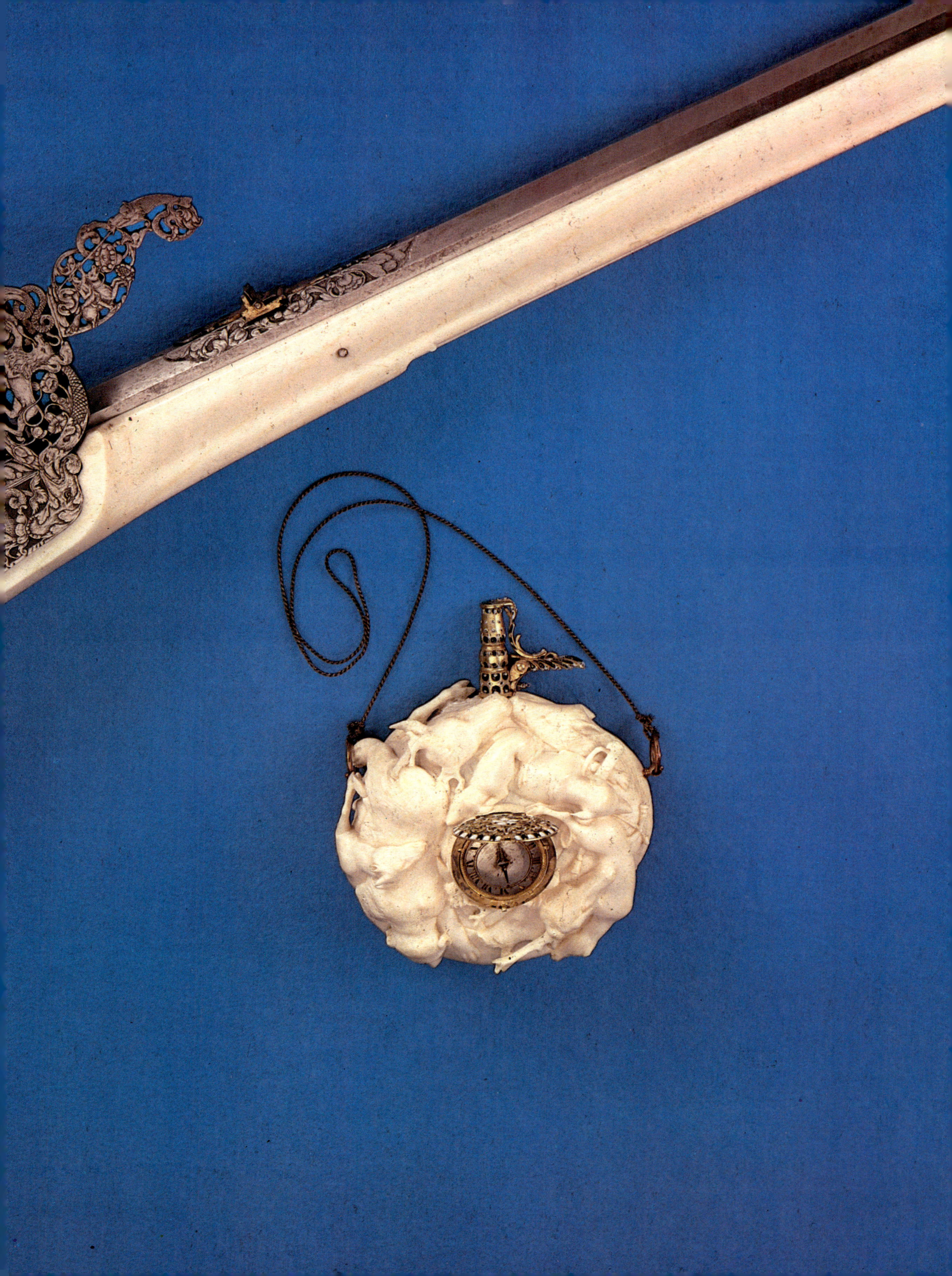

Links: **Luntenmuskete, Frankreich, Ende 16. Jahrhundert, Prunkwaffe der Gewehrkammer Ludwigs XIII. « Service au Roy » und gravier-**

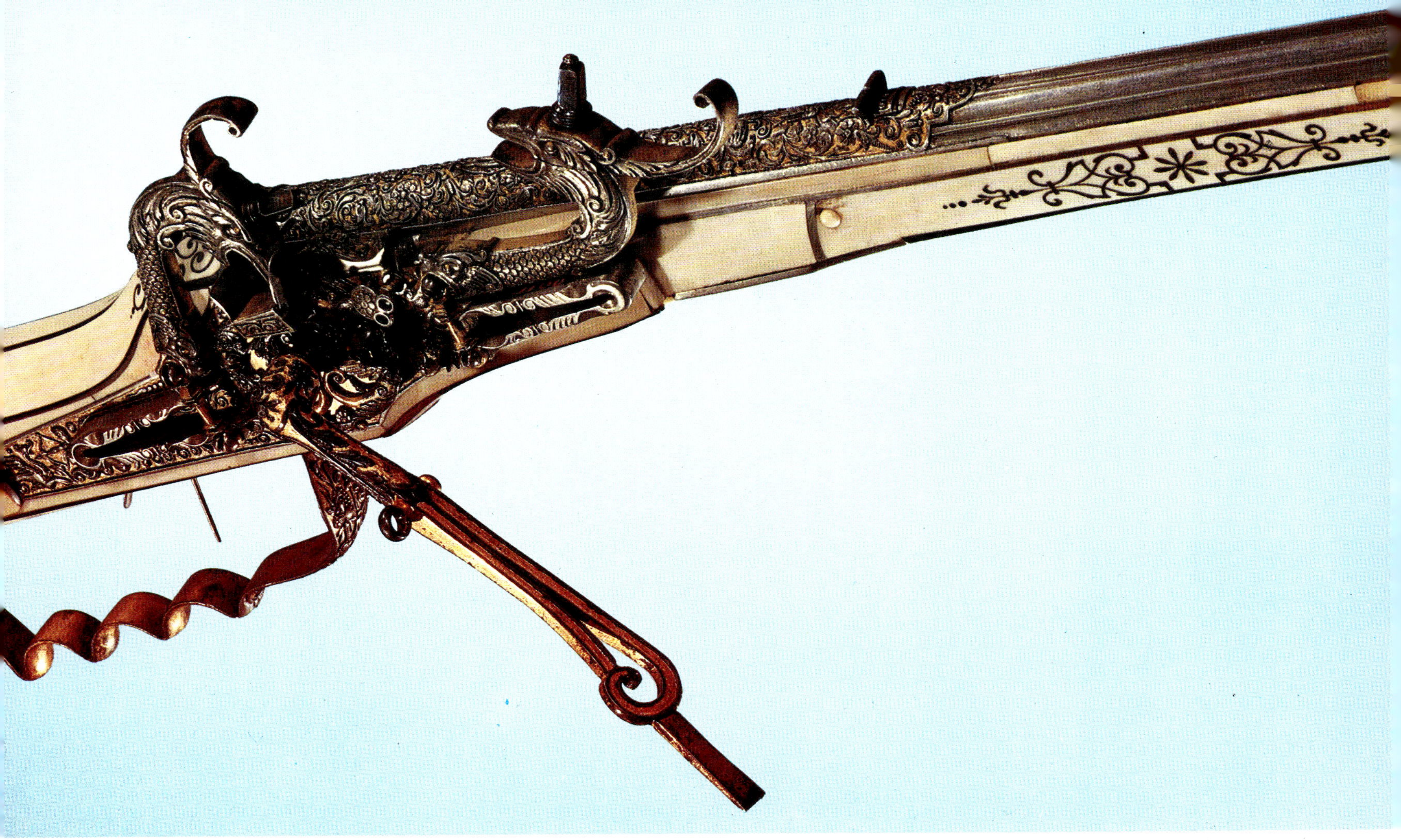

tes Pulverhorn, Frankreich 16. Jh. (Schweizerisches Jagdmuseum, Landshut).
Oben: Radschloßbüchse von Daniel Sadeler und Hieronymus Borstorffer, um 1620 (Kunsthistorisches Museum, Wien). *Unten:* Radschloßbüchse, der Schaft mit Schildpatt belegt, von Matthäus Mätl, Linz, trägt das Datum 1652 (Kunsthistorisches Museum, Wien).

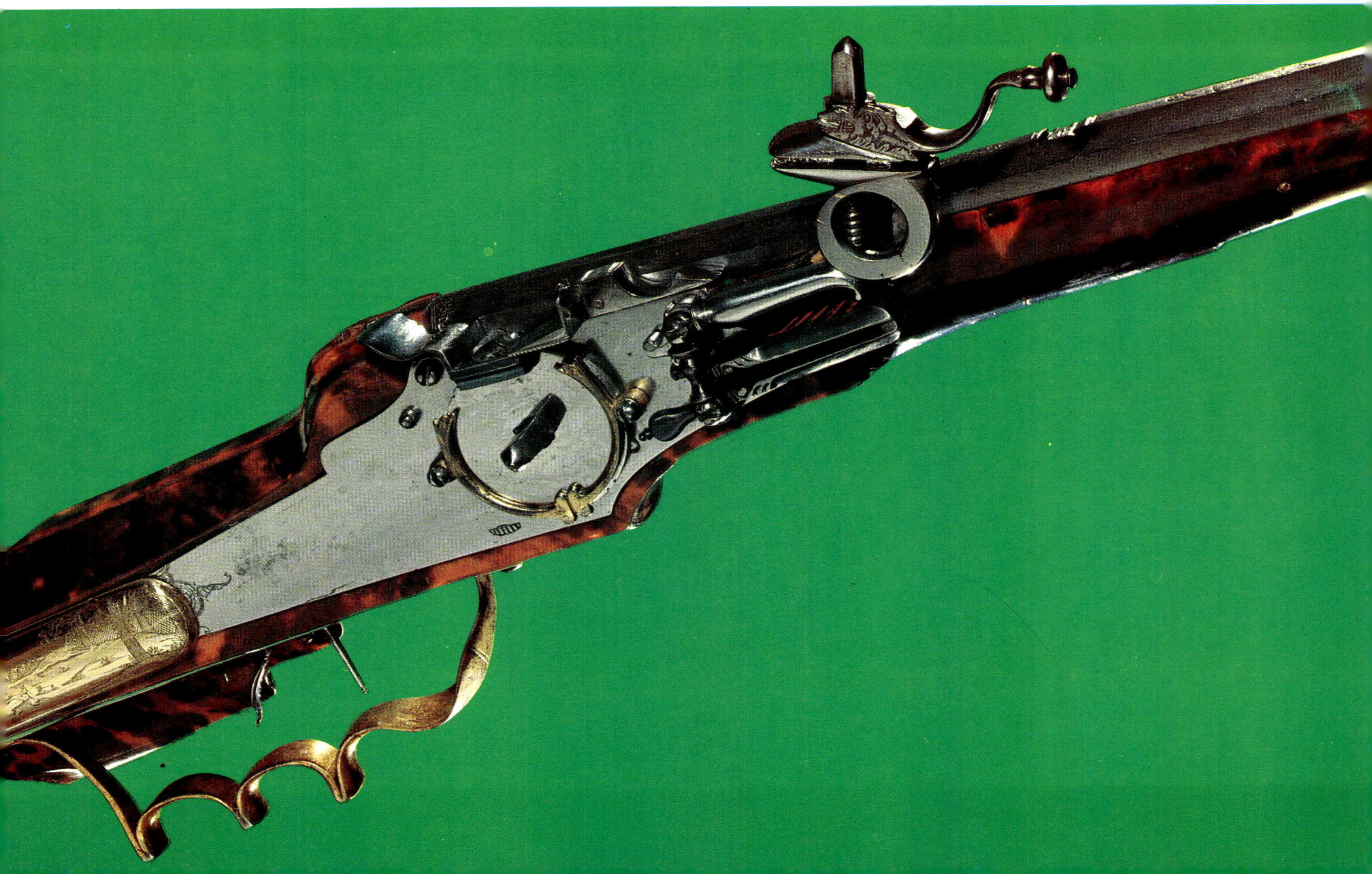

und Silberschmied und seine Signatur *Berain fecit* erscheint auf der Silberdekoration der wahrhaft königlichen Zwillingsschrotflinte, die 1673 von Le Conte in Paris hergestellt wurde, und die der französische König Ludwig XIV. Karl XI. von Schweden zum Geschenk machte.

Das wohl einflußreichste der Musterbücher war das sogenannte *Plusieurs pièces et ornements d'arquebuzerie* mit Gravuren von Claude Simonin, welches 1684 erschien. Verschiedene Plagiate, die in Holland und Deutschland auftauchten, prägten bei den europäischen Büchsenmachern einen klassischen Louisquatorze-Stil, der bald internationale Bedeutung gewann.

Ein Ereignis, das ebenso zur Verbreitung des französischen Stils beitrug, war die Aufhebung des Ediktes von Nantes im Jahre 1685, welches die Protestanten aller ihrer Privilegien beraubte. Der darauffolgende Exodus hugenottischer Handwerker, die in England und Holland Zuflucht suchten, führte auch viele der besten Büchsenmacher ins Ausland. Einer von ihnen war Pierre Gruché, der *arquebusier du Roi* Ludwigs XIV., der sich 1690 in London verheiratete und unter der Ägide Wilhelms III. an dessen Hof arbeitete. Die hugenottischen Büchsenmacher verliehen dem damals vorherrschenden recht einfachen Stil der englischen Gewehre eine neue Eleganz der Verzierung. Ein weiterer königlicher Büchsenmacher aus Frankreich, der in London Feuerwaffen herstellte, deren Qualität alles bisher dagewesene

Oben: **Verzierung auf einer italienischen Waffe von 1620 die einem Angehörigen der Familie Farnèse gehörte: die Silbereinlegearbeit auf dem Kolben zeigt eine Liebesszene (Wallace Collection, London).** ***Rechts oben:*** **Radschloß-Hinterladerbüchse, Augsburg, Anfang 17. Jh. (Kunsthistorisches Museum, Wien).** ***Darunter:*** **Radschloßbüchse für die Vogeljagd, wahrscheinlich für Ludwig XIII. hergestellt, der ganze Schaft ist aus Birnenholz, die Beschläge aus Eisen, um 1625 (Victoria and Albert Museum, London).**

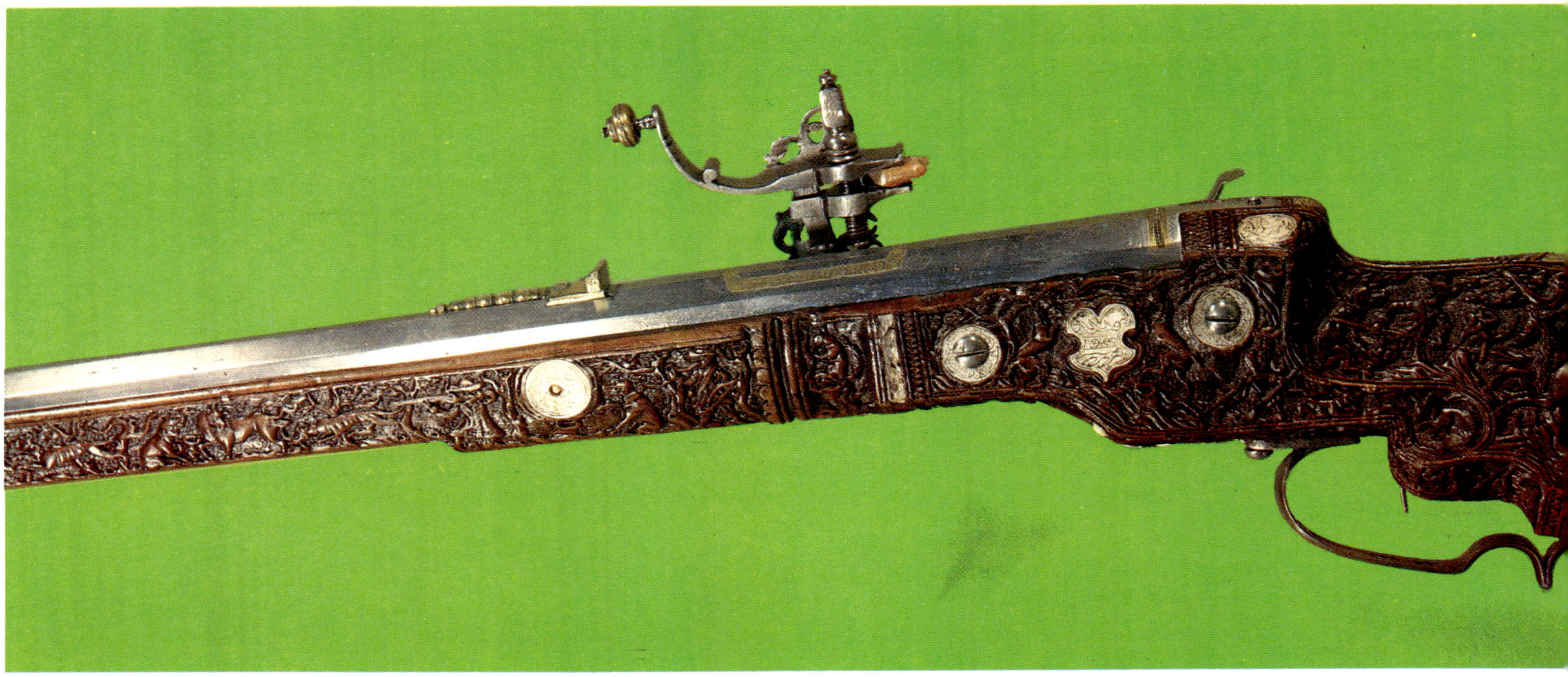

bei weitem übertraf, war Pierre Monlong, der 1684 nach London emigrierte. Er zog bald die Aufmerksamkeit des Königs auf sich und wurde 1689 zum « *Gentleman Armourer to his Majesty in Ordinary* » ernannt. Er starb im Jahre 1699, nachdem er zahlreiche herrliche Feuerwaffen hergestellt hatte, die er voller Stolz mit « Monlong Londini » signierte.

Die Mehrzahl der Büchsenmacher war natürlich weniger mit der Verzierung ihrer Gewehre befaßt, als mit deren technischer Vervollkommnung. Die vereinfachte Form des französischen Steinschlosses ermöglichte es ihnen, eine Reihe von neuen Hinterladern und Mehrfachladern zu entwickeln. Diese Hinterlader hatten am hinteren Laufende entweder einen Klapp- oder Schraubverschluß, abnehmbare oder zu kippende Läufe. Die einzigen zur Verfügung stehenden Patronen waren jedoch Metallhülsen, die nachgeladen werden konnten, aber schwer wieder aus dem Lauf zu ziehen waren. Es gab Papierpatronen, doch das Papier diente hauptsächlich dem einfacheren Transport, und wurde zum Gebrauch aufgerissen um die Pulverladung lose einzufüllen. Die komplexe Konstruktion einiger Mehrladefeuerwaffen zeugte von großem Erfindergeist. Neben den Waffen mit mehreren Läufen gab es ein Mehrfachladesystem, bei dem zwei oder mehr Ladungen in einen einzigen Lauf wie in eine Leuchtkugelröhre eingeführt werden konnten. Die Ladungen wurden mit mehreren hintereinanderliegenden oder abwechselnd auf beiden Seiten angebrachten Schlössern abgefeuert ; leichtere Gewehre hatten ein bewegliches Schloß, um abwechselnd von den verschiedenen Zündlöchern zu feuern, oder ein festes Schloß und einen beweglichen Lauf der den gleichen Zweck erfüllte. Einige Büchsenmacher stürzten sich sogar in das Abenteuer, Gewehre zu bauen, die wie Leuchtkugelröhren funktionierten, doch hatte man einmal zu schießen begonnen, schoß das Gewehr so lange weiter, bis alle Ladungen abgefeuert waren.

Das komplizierteste aller Mehrladegewehre war das Repetiergewehr mit Patronenmagazin, das in der Schaftmitte ein Pulver- und ein Kugelmagazin besitzt. Beim Laden neigt der Schütze die Waffe mit dem Lauf etwas nach unten und dreht den seitlich angebrachten Hebel vor und zurück. Hierdurch werden aus dem ersten Magazin die Kugeln und aus dem zweiten die Pulverladung in den Lauf eingeführt. Dieser Mechanismus spannte und lud

auch das Steinschloß, so daß der Jäger theoretisch mit seinem Gewehr auf die Jagd gehen konnte, das für mehrere Schüsse geladen war, die innerhalb von Sekunden abgefeuert werden konnten. In der Praxis aber schoß das Gewehr, wenn man es richtig hielt und lud, mehrmals

Oben: Radschloßbüchse, Deutschland, 1679. Ganzer deutscher Schaft, reich und künstlerisch geschnitzt mit Jagdszenen sowie Fabel- und Jagdtieren. _Unten:_ Radschloßbüchse, Deutschland, 1627/29. Auf dem Kolben Feldherr im Harnisch des Dreißigjährigen Krieges, Arbeit des Meisters der Tierkopfranke (Deutsches Jagdmuseum, München). _Rechts:_ Gesamtansicht und Detail einer Pulverflasche aus geschnitztem Holz, Deutschland, um 1660/70 (Musée de la Chasse, Paris).

hintereinander und blockierte dann.

In keiner Übersicht über die mechanische Entwicklung des Gewehres im 17. Jahrhundert, wie kurzgefaßt sie auch immer sein möge, darf das Luftgewehr fehlen. Eines der ersten Luftgewehre sah aus wie ein Radschloßgewehr, doch bewegte hier ein Rad einen Kolben den Lauf hoch, und die so komprimierte Luft brachte die Kugel zum Austritt. Das Schloß mußte für jeden Schuß neu aufgezogen werden. Das Luftgewehr, bei dem Luft in einen Druckluftbehälter gepumpt wird, und bei Bedarf mittels eines Ventils in den Lauf abgelassen wird, ist offenbar eine weitere Erfindung von Marin Le Bourgeois, dem wir das französische Steinschloß verdanken. Rivault de Flurances *Les Eléments de l'Artillerie* aus dem Jahre 1607 enthält eine Zeichnung von Le Bourgeois' Luftgewehr zum Schießen eines Pfeils. Gegen 1664 experimentierte die Royal Society in London mit einer « Windbüchse », die einen Menschen auf zwanzig Schritt töten konnte. Wie alle anderen mechanischen Wunderwerke dieser Zeit war auch das Luftgewehr zunächst nur eine kostspielige Kuriosität.

Links **: Waffe mit Miquelet-Schloß, « Vial 1693 » signiert, Messingeinlagen, Spanien, Ende 17. Jh. (Leihgabe des Musée de l'Armée im Musée de la Chasse, Paris).** ***Rechts*** **: Schnapphahnschloßflinte von Lazarino Cominazzo, Brescia, um 1660 (Kunsthistorisches Museum, Wien).** ***Unten*** **: Steinschloß-Prunkflinte von C. Chasteau, Paris 1680/90 (Kunsthistorisches Museum, Wien).**

Im 18. Jahrhundert setzte sich das Steinschloß als Standardgewehrschloß durch, doch vollzog sich dieser Prozeß sehr langsam. Das Luntenschloß gehörte schon der Vergangenheit an, doch wurde das Radschloß noch einige Zeit in Deutschland und Österreich für Jagdwaffen benutzt. Der österreichische Büchsenmacher Joseph Hamerl etwa (1678-1738) stellte ein Radschloßgewehr mit gekrümmtem Schaft für einen rechtshändigen Jäger her, der nur auf dem linken Auge sehen konnte — man kann sich leicht vorstellen, wie kompliziert es war, dabei den Schloßmechanismus der Krümmung des Schaftes anzupassen. Doch gerade solche harten Nüsse schienen die Phantasie der Büchsenmacher besonders anzuregen — je komplizierter das Schloß, desto größer die Herausforderung und die Befriedigung, wenn die Nuß geknackt war. Radschlösser mit zwei oder drei verbundenen Rädern, mit Luntenschlössern kombinierte Radschlösser, Radschlösser mit Rauchabzügen, die verhindern sollten, daß die Sicht des zielenden Jägers durch den Rauch des Zündfeuers getrübt werde — alle diese wurden mit großer Kunstfertigkeit geschaffen.

Ein früher in Dresden ausgestelltes Schloß war selbstspannend. Es hatte die Form eines Hirsches, dessen beweglicher Kopf den Zündstein hielt, und dessen eines Geweih als Schlüssel zum Spannen diente. Das Bayerische Nationalmuseum in München besitzt ein anderes verdecktes Radschloß mit der Jahreszahl 1726, dessen Pyrithalter die Form eines würdigen, in ein Buch vertieften Theologen hat. Das Buch hielt den Feuerstein, und wenn der fromme Mann sich betend niederbeugte, konnte geschossen werden. Gegen Ende seiner Entwicklung sah das Radschloß dem Steinschloß zunehmend, auch durch die gleiche bananenförmige Schloßplatte, ähnlich.

Das bei den Stahlziseleuren ebenso beliebte Schnapphahnschloß wurde schnell in fast ganz Europa vom Steinschloß verdrängt, doch hielt man bei den in der italienischen Toskana und in den Dörfern des Appenin zwischen Florenz und Bologna hergestellten Feuerwaffen noch daran fest. Bei den in Süditalien konstruierten Waffen ist unbestreitbar ein spanischer Einfluß vorhanden. Im Jahre 1757 gründete Karl III., König beider Sizilien, die *Fabrica Reale di Napoli* in Torre Annunziata bei Neapel. Die dort entstandenen Waffen sind so typisch spanisch in ihrer Form, daß entweder die Handwerker aus Spanien kommen mußten, oder die Fabrik zumindest Teile direkt aus Spanien importiert hat. Auf den Schlössern und Läufen aus dieser Farbrik ist die Fabrikmarke mit dem Lilienwappen der Bourbonen mit drei auf spanische Art vergoldeten Lilien angebracht.

Als dann aber der französische König Philip V. 1701 den spanischen Thron bestieg, machte sich allmählich ein gewisser französischer Einfluß in der spanischen Büchsenmacherei bemerkbar, aus dem unter anderem die in

***Rechts oben:* « El Deceado » signiertes Gewehr, Katalonien, um 1750 (Ehem. Sammlung-Pauilhac im Musée de la Chasse, Paris). *Rechts:* Steinschloßflinte des Kaisers Karl VI., Werk von Diego Ventura, Madrid, 1722 (Kunsthistorisches Museum, Wien). *Rechte Seite:* Drei Details einer Steinschloßbüchse von H. W. Mortimer, London, um 1785 für den orientalischen Markt mit reichen Silber- und Goldverzierungen auf dem Kolben hergestellt (Holland & Holland, London).**

Spanien als *a la moda* bekannten sogenannten Madrid-Schlösser entstanden, die einen Kompromiß zwischen dem französischen Steinschloß und dem Miquelet-Schloß darstellten. Doch die im Schloß sitzende Feder, Merkmal des Madrid-Schlosses, konnte sich bei den spanischen Büchsenmachern außerhalb der großen Städte nie durchsetzen.

Es entwickelten sich zwei verschiedene Arten von Gewehrschäften — der als Madrid-Schaft bekannte mit geradem, gerilltem Kolben und eine eher archaische Form, der Katalane, mit einem an die alten Petrinal erinnernden nach unten verlaufenden Kolben. Der Triumph der spanischen Büchsenmacher des 18. Jahrhunderts lag allerdings in der erstklassigen Qualität ihrer Läufe.

Im Jahre 1795 veröffentlichte der Madrider Büchsenmacher Isidro Soler sein *Compendio Historico de los Arcubuceros de Madrid,* in dem er auf die Praktiken von Büchsenmachern in Lüttich, Prag, München und anderswo aufmerksam machte, die spanische Läufe fälschten. Diese waren nicht nur stark, sondern wurden oft vergoldet und danach im Muffelofen auf glühenden Holzkohlen blau angelassen, was überaus prächtige Farbeffekte ergab. Name, Signatur des Büchsenmachers sowie der Name der Stadt in der er arbeitete und das Datum der Herstellung wurden am hinteren Laufende eingelegt.

Gold wurde auch dazu verwandt, die Zündpfanne einzufassen, was nicht nur zur Verschönerung, sondern auch als Rostschutz diente. Unter den Jägern wurde es Mode, Gewehre mit spanischem Lauf zu benutzen, und einige englische und deutsche Büchsenmacher ahmten das Aussehen und die spanische Art, die Läufe zu signieren, nach. Diego Esquibel aus Madrid war der meistkopierte aller spanischen Büchsenmacher, und seine Nachahmer benutzten seine Signatur noch in den 50er Jahren des 18. Jahrhunderts, obwohl Esquibel schon 1732 gestorben war. Die einzige Schwäche der spanischen Laufschmiede bestand merkwürdigerweise in ihrem Unvermögen — oder war es nur eine Abneigung? — gezogene Läufe herzustellen.

Deshalb waren ihre Läufe bei den deutschen Büchsenmachern nicht so beliebt wie die Damaszenerläufe aus der Türkei und Persien. Als die Stadt Wien 1683 von der großen Belagerung durch die Türken befreit wurde, erbeuteten die Österreicher eine bedeutende Anzahl von Feuerwaffen von den besiegten Türken, und viele der Läufe, die aus Bandeisen oder damasziertem Stahl gemacht waren, wurden wieder verwandt. Diese Läufe waren bald, ebenso aufgrund ihrer Schönheit wie ihrer soliden Machart, die so geeignet für das Ziehen des Laufes war, hochgeschätzt. Ihre Herstellungsweise war zunächst ein Geheimnis, doch entdeckten deutsche und russische Büchsenmacher, wie die abwechselnden Lagen von Eisen

Welch ein Fortschritt seit Gaston Phoebus! Doch ist die Jagd noch immer ein beliebter Zeitvertreib, wie es dieses Gemälde von Goya (1746 – 1828), *links,* beweist (Prado, Madrid). *Unten:* Radschloßbüchse des Kaisers Karl VI. von Johann Chr. Scheffl, Graz, um 1720 (Kunsthistorisches Museum, Wien); *darunter* ein französisches Gewehr, um 1770, mit Beschlägen aus Silber und vergoldetem Eisen, Messingeinlagen im Lauf (Privatsammlung).

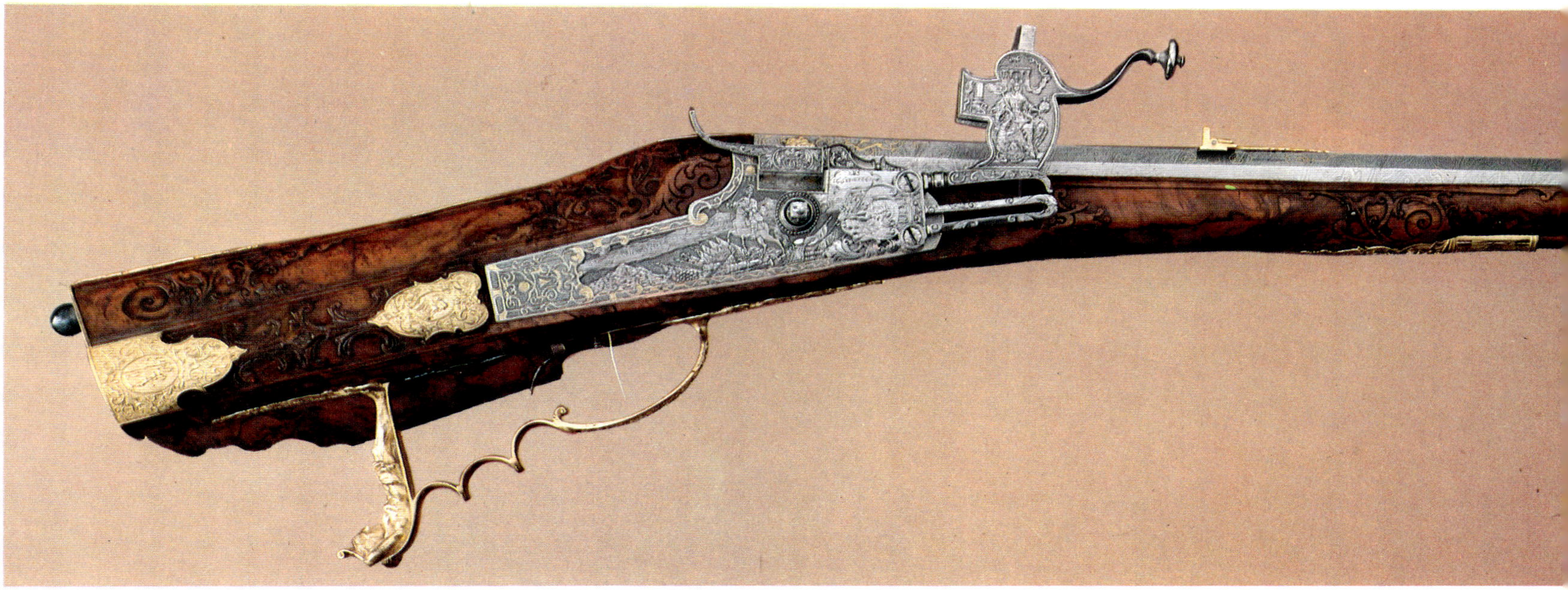

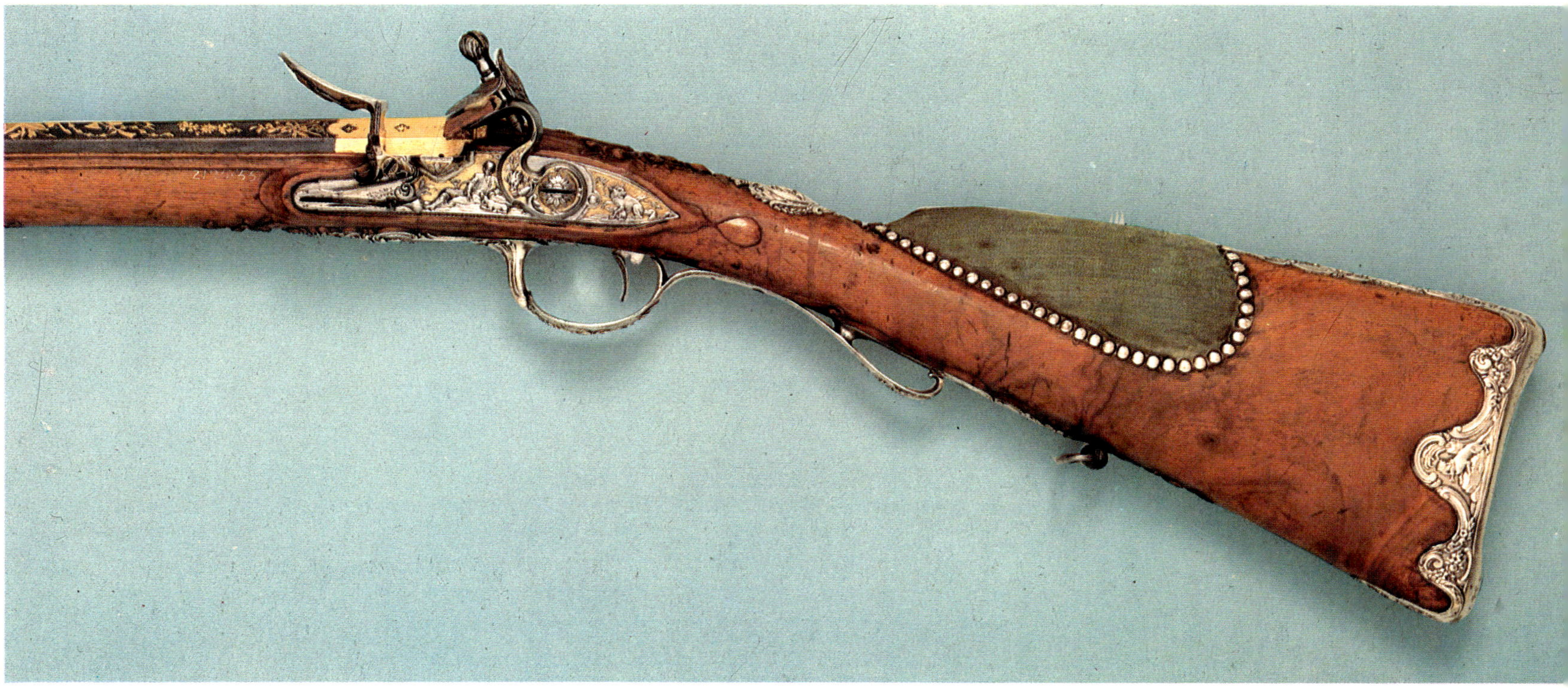

GEORG KEISER
IN WIENN

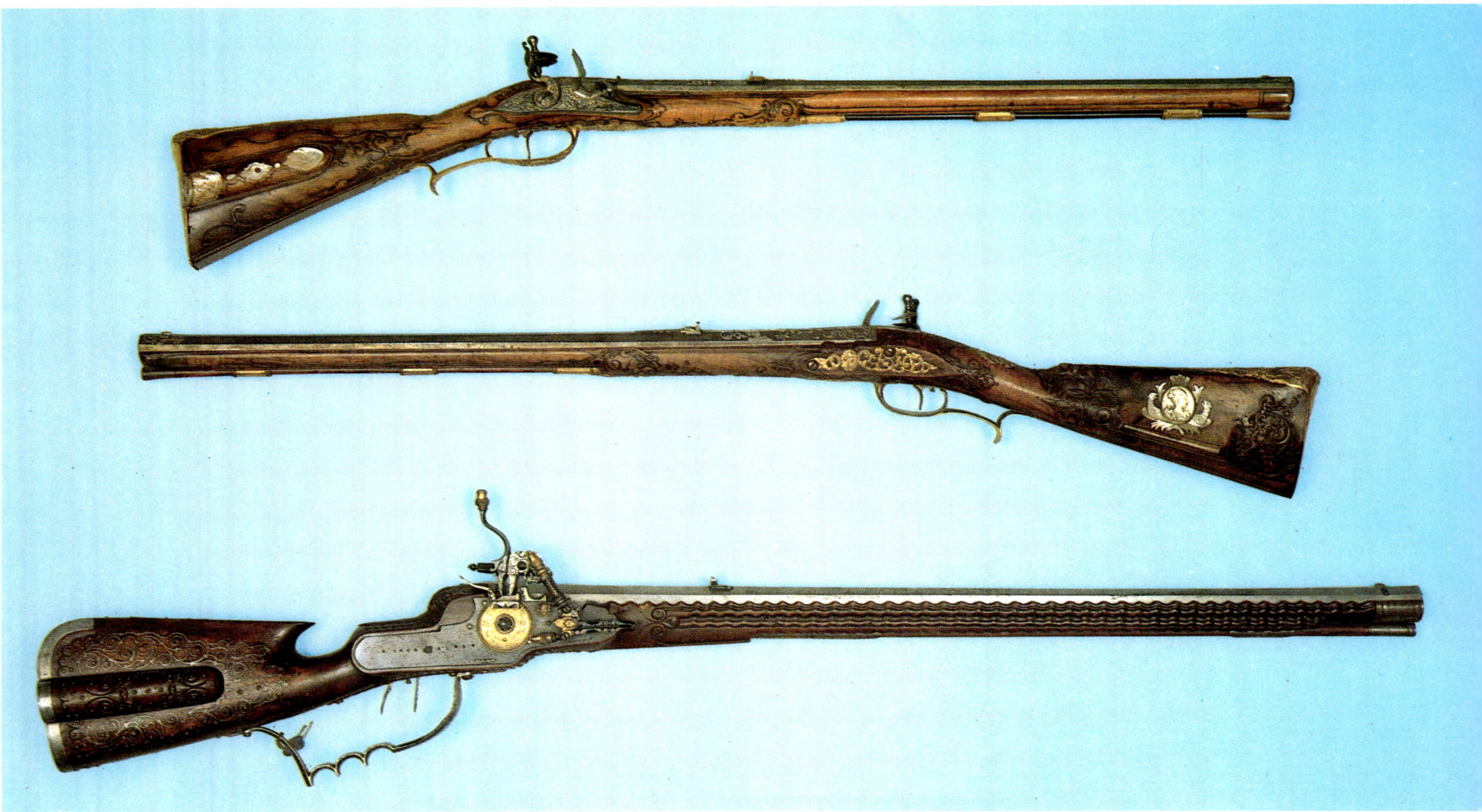

und Stahl zu dem charakteristischen Muster gedreht und geschweißt werden mußten.

Die französischen Büchsenmacher gaben weiterhin den Ton in der Mode Nordeuropas an, und französische Musterblätter übten weiterhin einen Haupteinfluß auf die Entwicklung des Steinschlosses aus. Die Vorlagen von Nicolas Guérard, die in Paris unter dem Titel *Divers Pièces d'Arquebuserie* etwa um 1715 erschienen, zeigten daß die abgerundete Form des Steinschlosses wieder auf die ursprüngliche eckige Form zurückgeführt worden war. Die Mustervorlagen Guérards nutzten die flachen Oberflächen der Schlösser und der Seitenbleche aus, um darauf detaillierte Jagddarstellungen anzubringen. Eine Faksimileausgabe von Guérards Musterbuch wurde 1725 von Johann Christoph Weigel in Augsburg veröffentlicht und trug dazu bei, die französische Zierkunst über ganz Europa bis hin nach Rußland zu verbreiten.

Oben: Steinschloßbüchse und Pistolenpaar des Kaisers Karl VI. von G. Keiser (Kunsthistorisches Museum, Wien). *Links*: Drei Steinschloßgewehre, 18. Jh., das mittlere trägt eine Kamee aus Perlmutter (Sotheby's London). *Rechts*: Ein Jäger - und was für einer - Karl III. von Spanien (1759-88). (Porträt von Goya im Prado, Madrid). *Darunter*: Pulverflasche, deutsch, erste Hälfte 18. Jh., ineinandergeschlungene Tiergruppen: Keiler, Rind und Wolf, von Hunden angefallen; silbergetrieben und vergoldet (Deutsches Jagdmuseum, München). *Folgende Seiten*: Luftgewehr in Form eines Steinschloßgewehres, von J.G. Kolbe aus Suhl (c. 1730-35), (Victoria and Albert Museum, London).

Die meisten frühen russischen Feuerwaffen mit Schnapphahnschlössern wurden in der Waffenmeisterei des Kreml in Moskau hergestellt, doch im Jahre 1705 gründete Peter der Große die Staatliche Waffenfabrik in Tula südlich von Moskau, deren Hauptaufgabe zunächst in der Produktion dringend benötigter Kriegswaffen bestand. Zu Beginn waren die Arbeitsbedingungen äußerst hart, doch nach dem Tod Peters des Großen im Jahre 1725 verbesserte sich die Lage, und ausländische Büchsenmacher wurden dazu eingeladen, sich in Tula anzusiedeln. Sie brachten neben ihrer Kultur auch ihre westlichen Techniken mit nach Rußland. Dort arbeiteten sie in ihren eigenen Häusern und wurden beauftragt, Waffen bester Qualität für den Kaiserlichen Hof herzustellen.

Auf den englischen Gewehren der zweiten Hälfte des 18. Jahrhunderts beschränkt sich die Verzierung im allgemeinen auf ein Minimum. Nach den Jagdbüchsen aus dieser Zeit war der englische Büchsenmacher, ebenso wie sein Kunde, mehr an der Leistung seines Gewehres als an seinem prunkvollen Aussehen interessiert. Schon 1727 hatte Georg Markland in

KOLBE

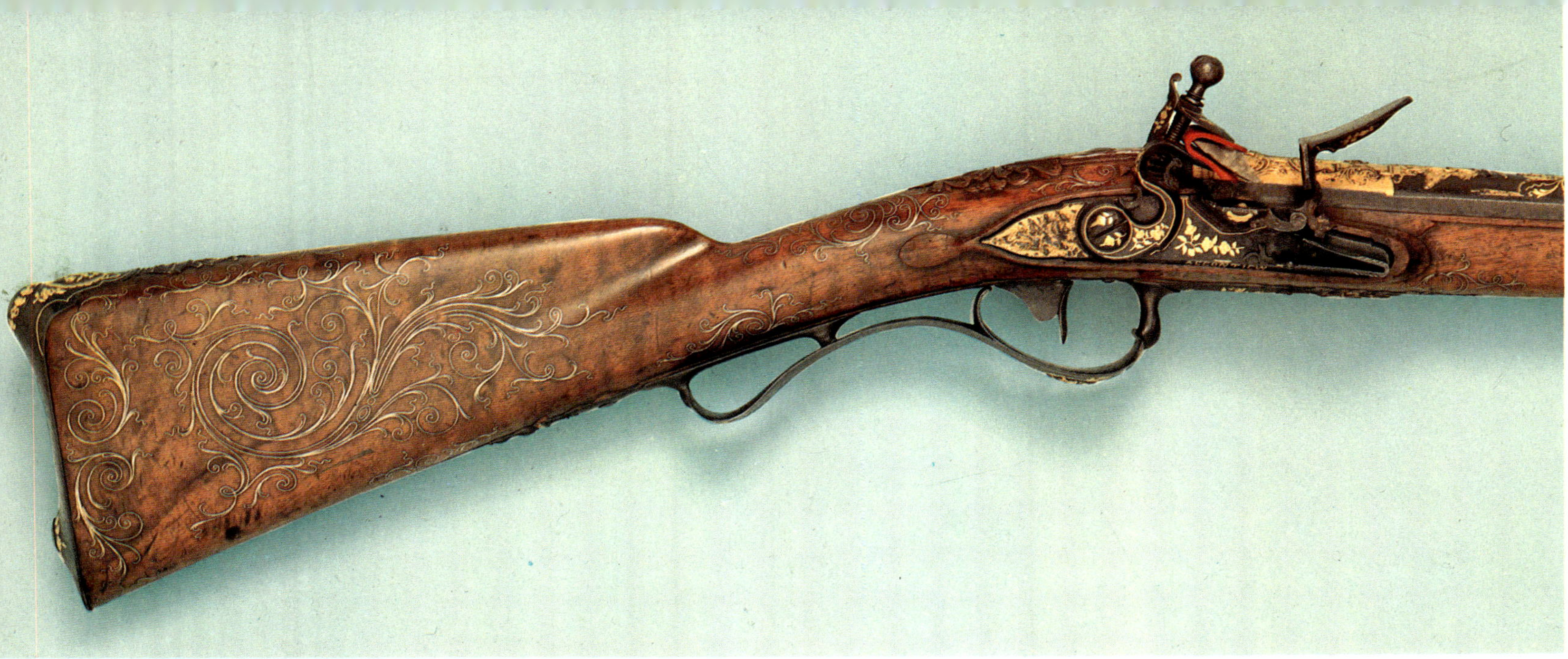

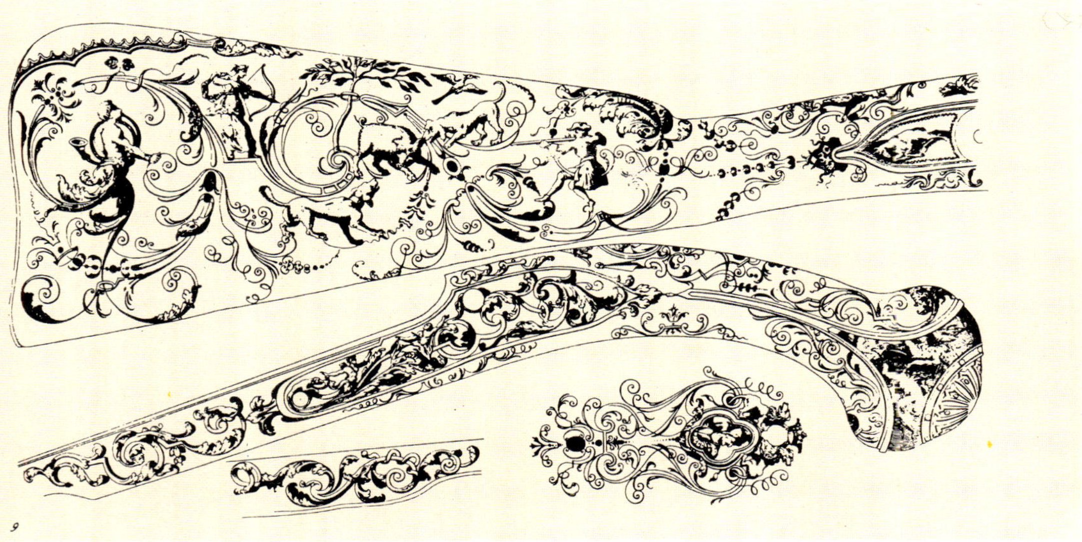

seiner *Pteryplegia or the Art of Shooting Flying* die Idee verfochten, man könne mit Schrotflinten auf eine Entfernung von bis zu 40 m schießen. Viele Jäger wie Peter Hawker rühmten sich selbst, sogar auf weitere Entfernungen treffen zu können. In seinem *Shooting Directory* aus dem Jahre 1804 berichtete er von einem Treffer auf 120 Schritt. Die englischen Jäger hatten eine besondere Vorliebe für mechanische Besonderheiten. Der berühmteste Büchsenmacher war zweifellos der Londoner Henry Nock (1741-1804), der ein schraubenloses, leicht zerlegbares Steinschloß erfand. 1779 stellte er eine Reihe von siebenläufigen Mitrailleusen für die Royal Navy her. Diese wurden bei den Jägern sehr beliebt, da man mit ihnen mit einer groben Schrotladung hochfliegende Gänse und sogar größeres Wild aus beträchtlicher Entfernung schießen konnte. Nocks beeindruckendstes Stück war ein 14läufiges Gewehr, das sich heute im Waffenmuseum von Lüttich befindet.

Das einläufige Steinschloßgewehr wurde in Deutschland zu einer leistungsfähigen Waffe weiterentwickelt, mit der man aus einem Abstand von fast 200 Metern ein Wild erlegen konnte. Sogenannte Stecher und eine Vielzahl komplizierter Zielfernrohre, darunter solche mit optischen Linsen, erhöhten die Zielgenauigkeit.

Ein interessantes Accessoire war ein zusätzlicher Gewehrlauf, der in den Hauptlauf eingeschraubt werden konnte, und dem Jäger die Wahl unter kleinen und großkalibrigen Kugeln gab. Eine amüsante Überspanntheit der deutschen Gewehrmacher war eine Reihe faszinierender Gewehre, die alle prächtig verziert waren, aber Läufe von einem ungewöhnlichen Schnitt hatten – kleeblattförmig, fünfblattrosettenförmig usw., für die man spezielle Kugelformen und Ladepropfen benötigte. Aus einem

***Oben* : Steinschloßjagdgewehr mit Stahlbeschlägen und Goldeinlagen, Schloß mit der Signatur von A. Leontiew. Rußland, um 1778 (Victoria and Albert Museum, London). *Darunter* : Steinschloßgewehr, Italien, zweite Hälfte 18. Jh. (Schweizerisches Jagdmuseum, Landshut). *Links* : Vorlagen für Gewehrverzierungen aus berühmten Musterblättern. *Rechts oben* : Waffe mit Miquelet-Schloß, Metalleinlagen, Sardinien, Mitte 17. Jh. (Ehem. Pauilhac-Sammlung im Musée de la Chasse, Paris). *Darunter* : Jagdgewehr mit Einlagearbeiten chinesischer Inspiration, von W. Bailes, London, 1764 (Tower of London Armouries).**

Oben: Jagdplaute, Österreich, 18. Jh. (Schweiz, Jagdm., Landshut). *Unten:* Damen-Jagdtasche, Frankreich, 1. Hälfte 18. Jh. (idem). *Rechts:* Lauf eines Steinschloßgewehres, Deutschland, von D. Esquibel, 1727 (Tower of London Armouries); *darunter:* Steinschloß-Damengewehr, deutsch, um 1750 (Deutsches Jagdmuseum, München).

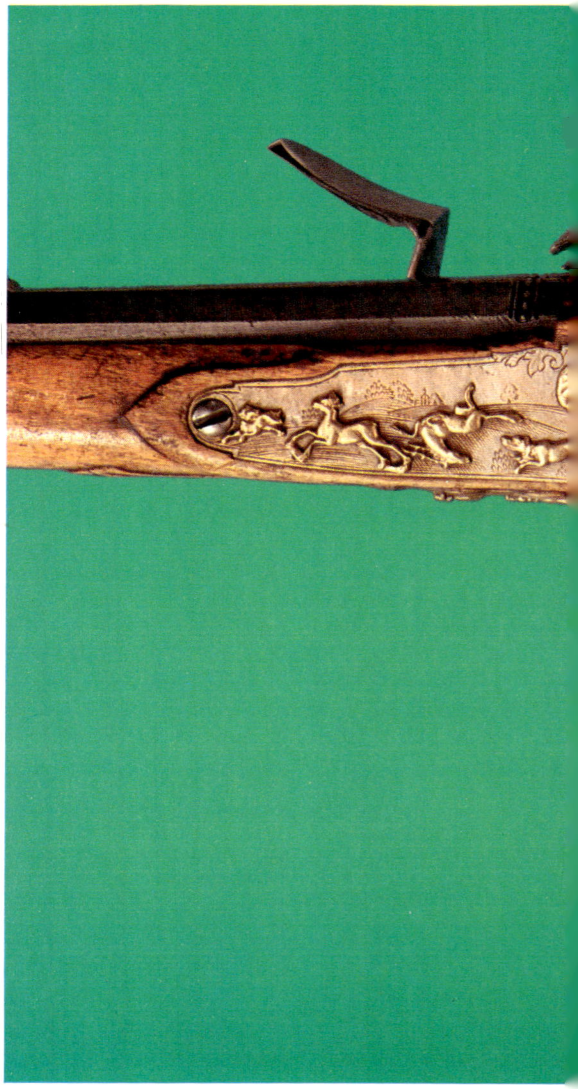

Es quibel
Año de 17

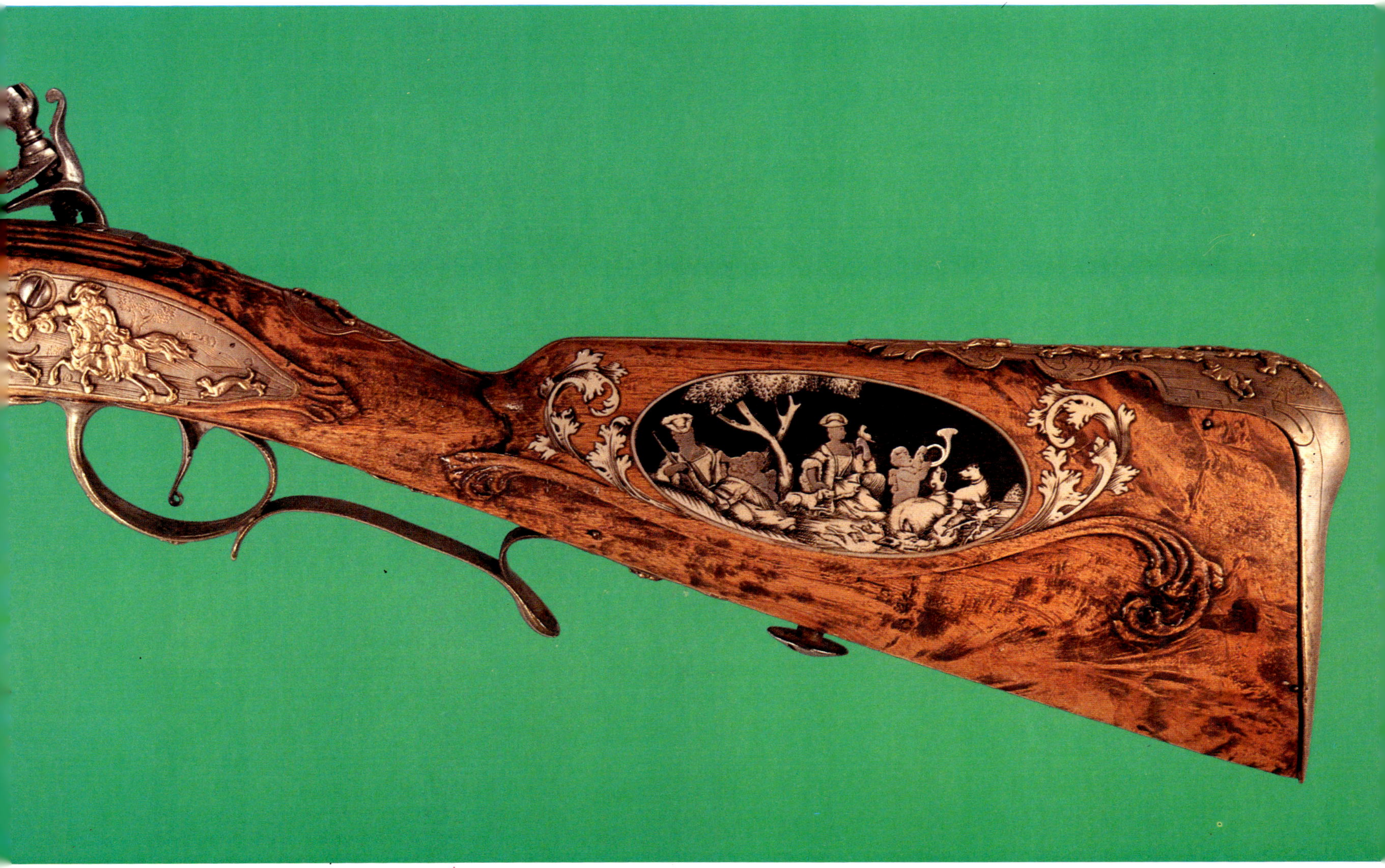

Oben: Revolverflinte « Sporck », Böhmen, 1. Hälfte 18. Jh., System Sporck von Michel in Kuks, 1. Hälfte 18. Jh. (Schweizerisches Jagdmuseum, Landshut). *Darunter:* Radschloßbüchse des Markgrafen von Brandenburg Wilhelm Friedrich, Ansbach, 1719. *Unten:* Steinschloßflinte von Michele Battista, Neapel 1775, für Ferdinand I., König beider Sizilien (Musée d'Armes de Lièges). *Rechts oben:* Pulverflasche, deutsch, Anfang 18. Jh. Auf den flachen Seiten der berühmte Hirsch von 66 Enden, den König Friedrich Wilhelm I. von Preußen erlegte (Deutsches Jagdmuseum, München) und Zündkrautflasche, bemaltes Porzellan (Schweizerisches Jagdmuseum, Landshut). *Darunter:* Steinschloßflinte Typ « Collier » von Robert Wood, England um 1820 (Musée de la Chasse, Paris).

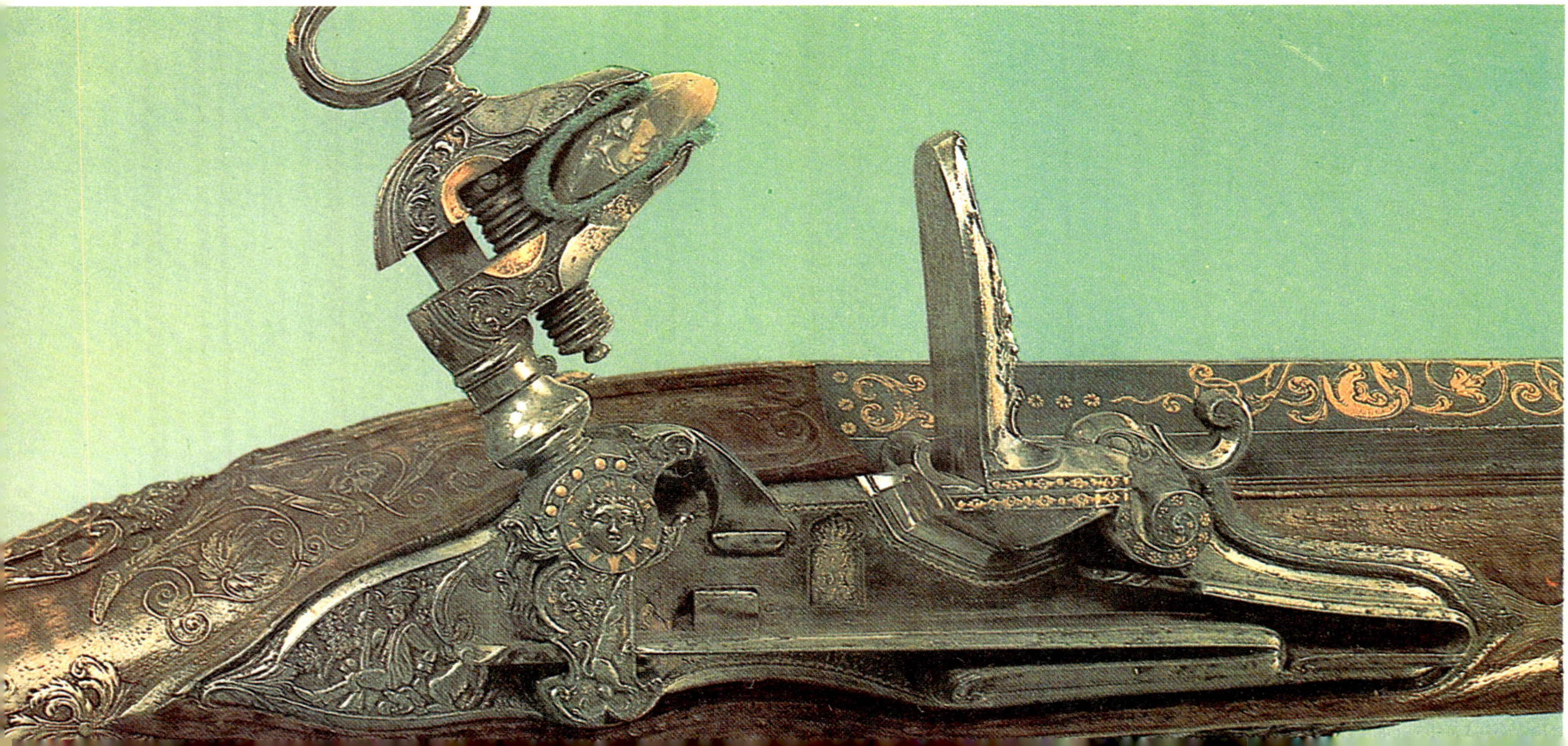

213.

solchen Gewehr mit langem gezogenem, achtkantigem Lauf, einem Abzugsbügel aus Horn und einem Kolbenkasten, in dem Geschoßpflaster aufbewahrt wurden, entwickelte sich dann das typische, für seine Treffsicherheit und Reichweite bekannte amerikanische Jagdgewehr, die berühmte Kentucky-Büchse. Sie war aus dem Typ des Jagdgewehres entstanden, das deutsche Emigranten mit nach Nordamerika gebracht hatten.

Luftgewehre, die oft wie Steinschlösser aussahen, wurden erstaunlicherweise sehr beliebt. 1779 wurde einevon Bartolomäus Girandon aus Cortina d'Ampezzo erfundene Repetierwindbüchse mit einem Luftbehälter anstelle eines Kolbens und einem Patronenbehälter bei der Österreichischen Armee eingeführt. Es wurde schließlich in mehreren eleganten Jagdaus-

Links : **Windbüchse mit Druckluftreservoir von I.C. Eperlin, England, Ende 18. Jh. (Leihgabe des Musée de l'Armée im Musée de la Chasse, Paris).** ***Rechts*** **: Drei Windbüchsen aus dem 18. Jh., die obere mit Blasebalg im Kolbenschaft, Österreich ; die mittlere mit Druckluftkessel, Deutschland ; die untere mit System Firardoni, 20 schüss. Magazingewehr von Sig. Störmer in Herzberg (Schweizerisches Jagdmuseum, Landshut).** ***Unten*** **: Luftgewehr von Chr. Ris, Wien, um 1750 (Kunsthistorisches Museum, Wien).**

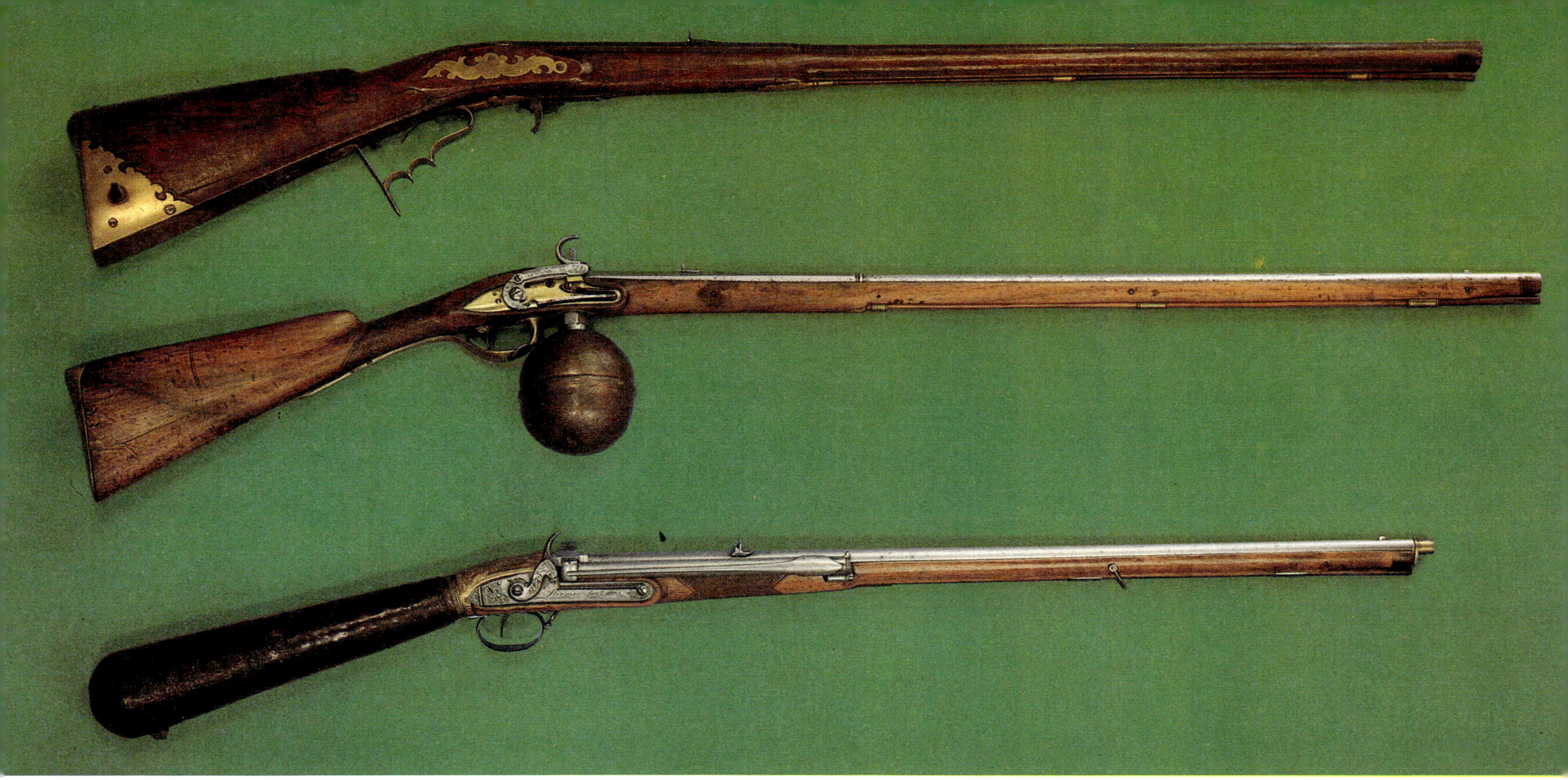

führungen von den führenden Büchsenmachern kopiert. Doch war es schwierig, den Druck im Kolben genau abzuschätzen. Pumpte man zu wenig Luft hinein, hatte die Kugel nicht genug Kraft ; pumpte man ihn zu voll, explodierte der Luftbehälter.

Oben links: **Steinschloßflinte eines sächsischen Kurfürsten, Bayern, um 1730 (Ehem. Paulhac-Sammlung im Musée de la Chasse, Paris). Steinschloßgewehr des Königs Friedrich I. von Schweden, von Adam Anton Gerhard, 18. Jh.** ***Links:*** **Gewehr mit Miquelet-Schloß von Battista, Königliche Manufaktur von Neapel, 1770/75 (beide Musée de la Chasse, Paris).** ***Rechts, von oben nach unten:*** **Pulverflaschen. Französische Pulverflasche, Mitte 18. Jh., der Elfenbeinkörper ist beidseitig reich mit Jagdszenen beschnitzt, Verschluß ein Türkenkopf.** ***(Mitte)*** **Geschnitztes Horn mit Jagdszene.** ***(Unten)*** **Persische Pulverflasche, um 1700. Der ganze Körper aus Elfenbein, mit plastisch herausgeschnitzten Tieren und Fabelwesen umkleidet (Deutsches Jagdmuseum, München).**

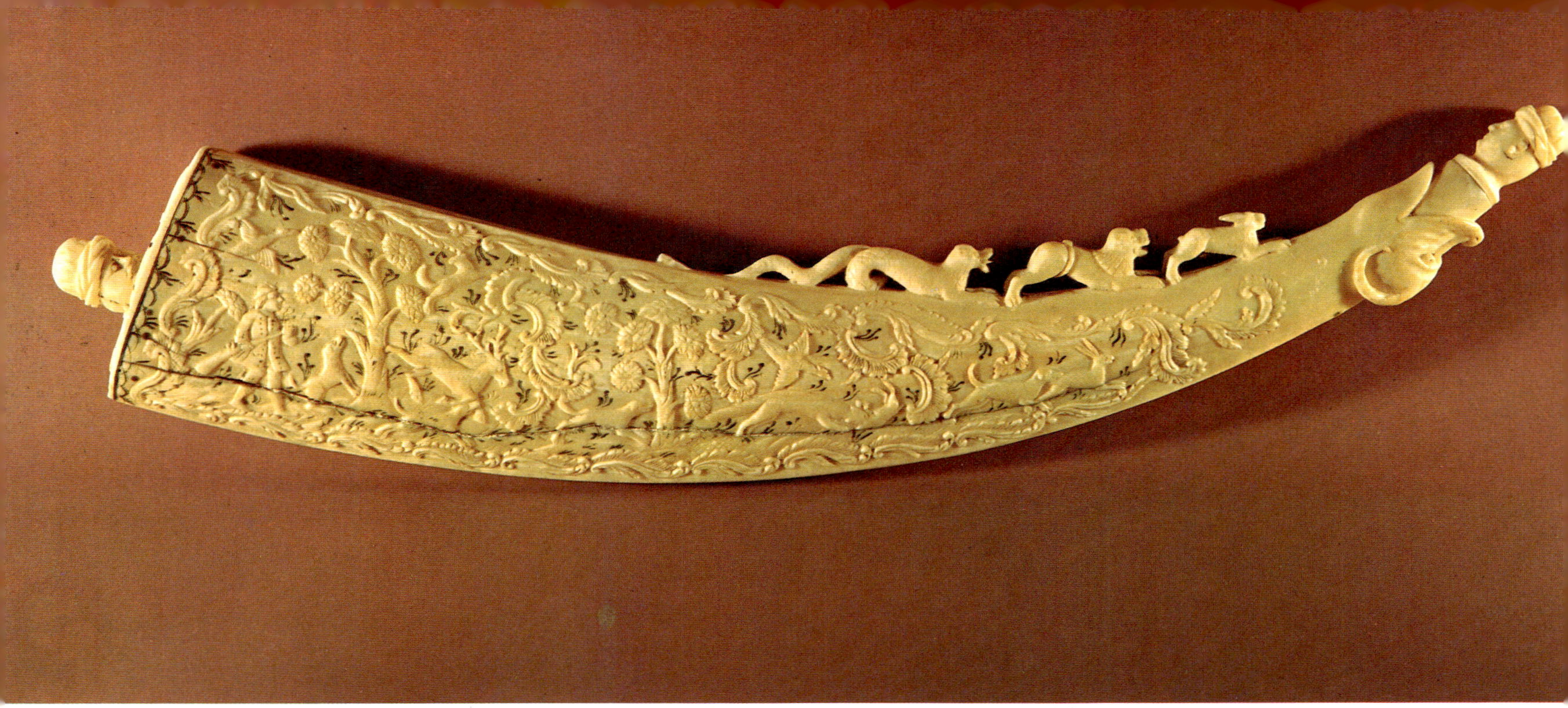
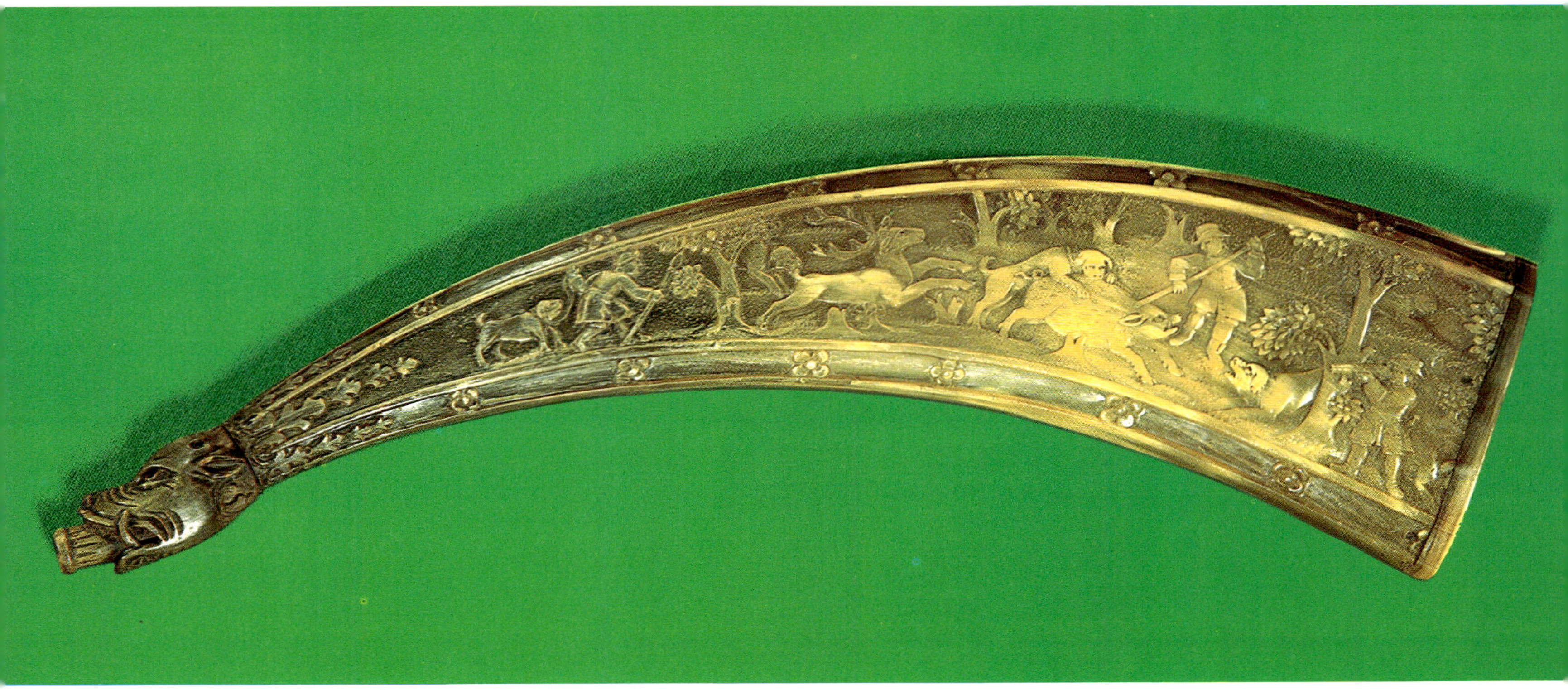

Zwar stellten die Schloßmacher gegen Ende des 18. Jahrhunderts nahezu perfekte Steinschlösser mit mechanischen Verbesserungen an den beweglichen Teilen, besser geformten Zündpfannen z. B., her, doch blieben sie bei feuchter Witterung immer noch sehr empfindlich. Die Büchsenmacher hatten ihr Möglichstes getan: Es gab sogenannte wasserdichte Steinschlösser, verdeckte Steinschlösser, sogar umgekehrte Steinschlösser. Doch immer noch ging das Gewehr nicht los, wenn das Schloß feucht wurde, und die Flamme und der Rauch vom Zünden erschwerten nicht nur das genaue Zielen, sondern warnten auch das Wild, noch bevor die Hauptladung abgeschossen werden konnte. Um diese beiden Nachteile zu beheben, erfand der schottische Geistliche Alexander Forsyth im Jahre 1805 ein Perkussionsschloß, das die Explosivkraft des Knallquecksilbers ausnutzte.

Es stellte sich als relativ einfach heraus, die existierenden Schlösser auf das neue System umzubauen, und als man erkannte, daß Jagdgewehre mit Forsyth-Schlössern nicht nur bestens funktionierten, sondern sich auch gut verkauften, begannen die Büchsenmacher in ganz Europa, entweder dieses Schloß direkt zu kopieren oder das Zündpulver auf andere Weise zu benutzen. Beim Forsyth-Schloß ist an der Schloßplatte an Stelle des Feuerstahls ein kleines drehbares Magazin mit losem Explosivstoff befestigt. Bei jeder Drehung des Magazins wird eine kleine Menge Zündstoff auf die Pfanne übertragen, in die ein kleiner Hammer schlägt. Einige Büchsenmacher benutzten ein mit dem Hammer verbundenes bewegliches Magazin.

Das Perkussionsschloß mit einer Kupferzündkapsel sollte schließlich zur Standardzündvorrichtung werden, doch erlebte das Steinschloß zuvor noch eine letzte Blüte, da eine plötzliche Nachfrage nach Luxusgewehren aufkam. Die Londoner Firma Rundell, Bridge & Rundell, Juweliere und Goldschmiede des Königshofes, hatten Gewehre, die sie mit diamantbesetzten und emaillierten Silberbeschlägen verzierten, wie es auf ihrer Visitenkarte zu lesen stand: « Alle Arten türkischer Ornamente im modernsten Zeitgeschmack nach den anerkannten Zeichnungen und Vorlagen unserer Agenten in Konstantinopel ». Der Londoner Büchsenmacher H.W. Mortimer, bekannt für seine feinen Jagdgewehre, kam ebenfalls der Nachfrage nach orientalischen Verzierungen entgegen. 1801 stellte er eine gewisse Zahl von goldgefaßten mit Diamanten und Smaragden besetzten Gewehren für die Regierung der Vereinigten Staaten her, die diese als Geschenk für den Bei von Tunis und dessen Sohn bestellt hatte.

Keine dieser prunkvollen Waffen konnte es jedoch mit dem unbeschreiblichen Überfluß der gold- und silberverzierten Gewehre von

***Oben links:* Perkussionsgewehr von Haaken-Plomdeur und J. J. Cloes, Lüttich um 1855 (Musée d'Armes de Liège). *Daneben:* Geschnitzte Monturen von J. M. Tinlot (idem) *Darunter:* In Prag hergestelltes Perkussionsgewehr, Mitte 19. Jh. (idem). *Rechte Seite:* a) Perkussions-Doppelflinte, französisch, Anfang 19. Jh., Prunkgewehr, sig. « Simon a Paris Arquebusier du Roi », Damastläufe goldtauschiert, reiche plastische Silbermonturen (Schweizerisches Jagdmuseum, Schloß Landshut bei Bern). b) Lefaucheux-Flinte des Kronprinzen Rudolf, von Anton Ignaz Krebs, Wien 1866 (Kunsthistorisches Museum, Wien).**

Die Freude an der Jagd... die Natur, die Bewegung, die Gesellschaft der Hunde, eine gute Waffe... dieses schöne Gemälde des englischen Künstlers Reinagle « The Afternoon Shoot » vermittelt all dies (Roy Miles Gallery, London). *Oben* : Steinschloßjagdgewehr, abnehmbarer Kolben mit Hundekopf, Frankreich 1800/1805, signiert « Antoine Robert - St. Etienne », Frankreich, Ende 18. Jh. (Musée de la Chasse, Paris). *Unten links* : Steinschloßgewehr mit doppelter Batterie von « De Saintes, Arquebusier du Roy à Versailles », Frankreich um 1760. *Rechts* : Steinschloßjagdgewehr, zum Schießen vom Pferde, Klappkolben, signiert « Zugno », Spanien, um 1800. Zwischen den beiden, die zwei oben abgebildeten Waffen (Musée de la Chasse, Paris).

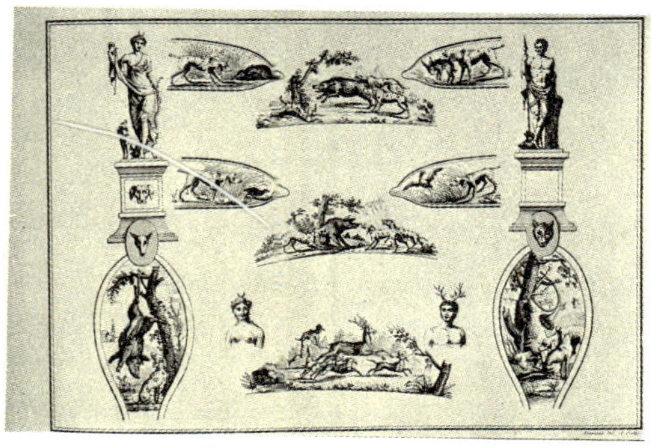

Nicolas Noël-Boutet, dem Direktor der Staatlichen Waffenmanufaktur von Versailles aufnehmen. Eine spezielle Werkstatt widmete sich dort der Produktion der *armes de luxe,* die als Geschenke für den Gebrauch von Napoleon und seinen Ministern bestimmt waren. Boutet verwandte silber- oder goldgetriebene Fassungen, und seine Schäfte waren mit geschnittenen und gravierten Blättern aus Edelmetallen wie Weiß-, Gelb- und Rotgold eingelegt, die er mit meisterlichem Können verarbeitete. Die Schäfte aus Walnuß- oder Ebenholz waren

Oben und rechts: **Dieser schöne Karabiner von Nicolas-Noël Boutet ist eines der Prunkstücke der französischen Büchsenmacherei. Er wurde dem General Rapp von Kaiser Napoleon geschenkt (Ehem. Pauilhac-Sammlung im Musée de la Chasse, Paris).** ***Unten:*** **Doppelläufiges Steinschloßgewehr von Boutet, sign. « Directeur artiste de la Manufacture de Versailles », (Ehem. Pauilhac-Sammlung im Musée de la Chasse, Paris).** ***Links:*** **Gravurvorlagen für Waffenverzierungen.**

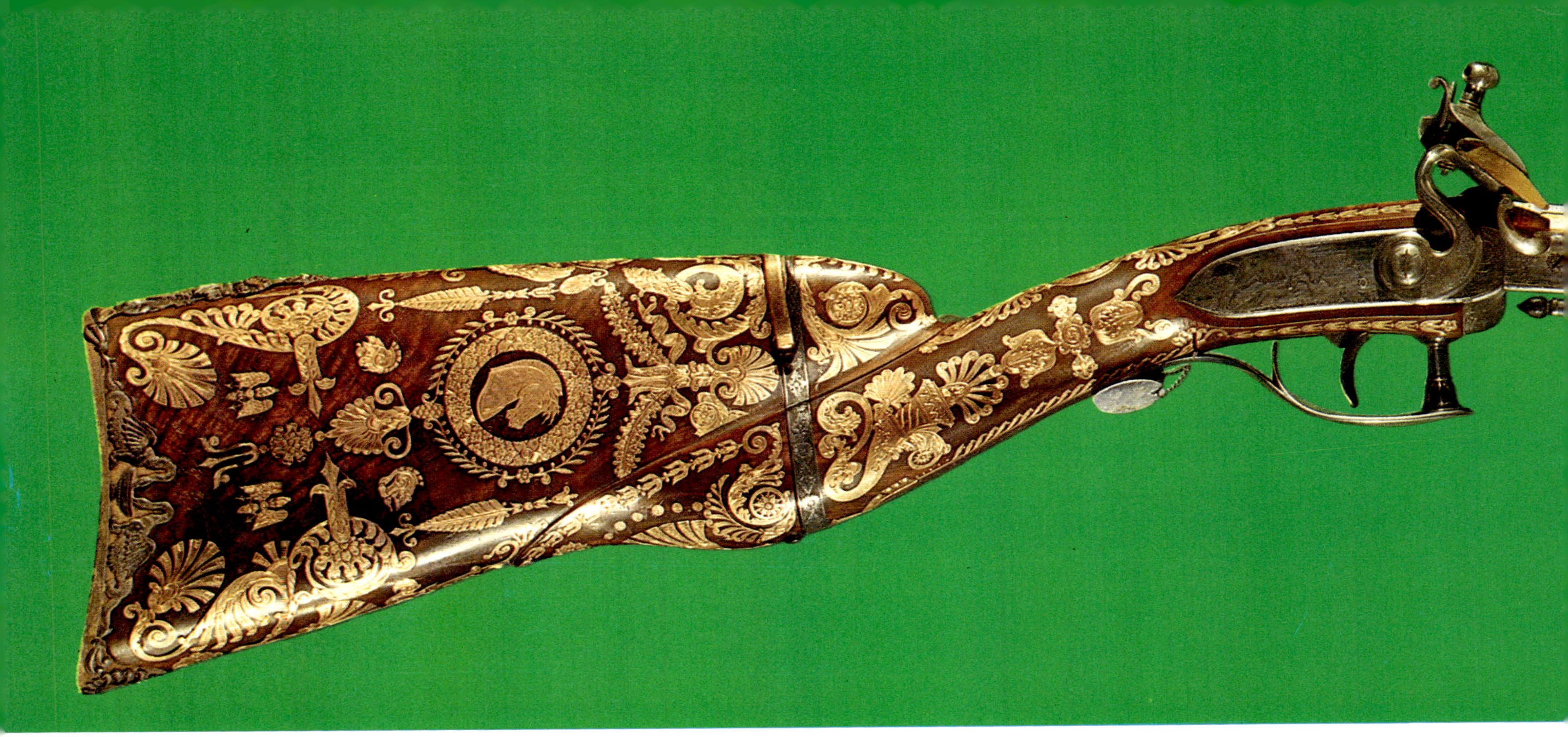

Oben und rechts : Das auf den vorhergehenden Seiten gezeigte Gewehr von Boutet (Gesamtansicht und Details). *Unten* : J. Devillers Steinschloßgewehr, Geschenk Napoleons I. an Kaiser Franz I., Anfang 19. Jh. (Kunsthistorisches Museum, Wien).

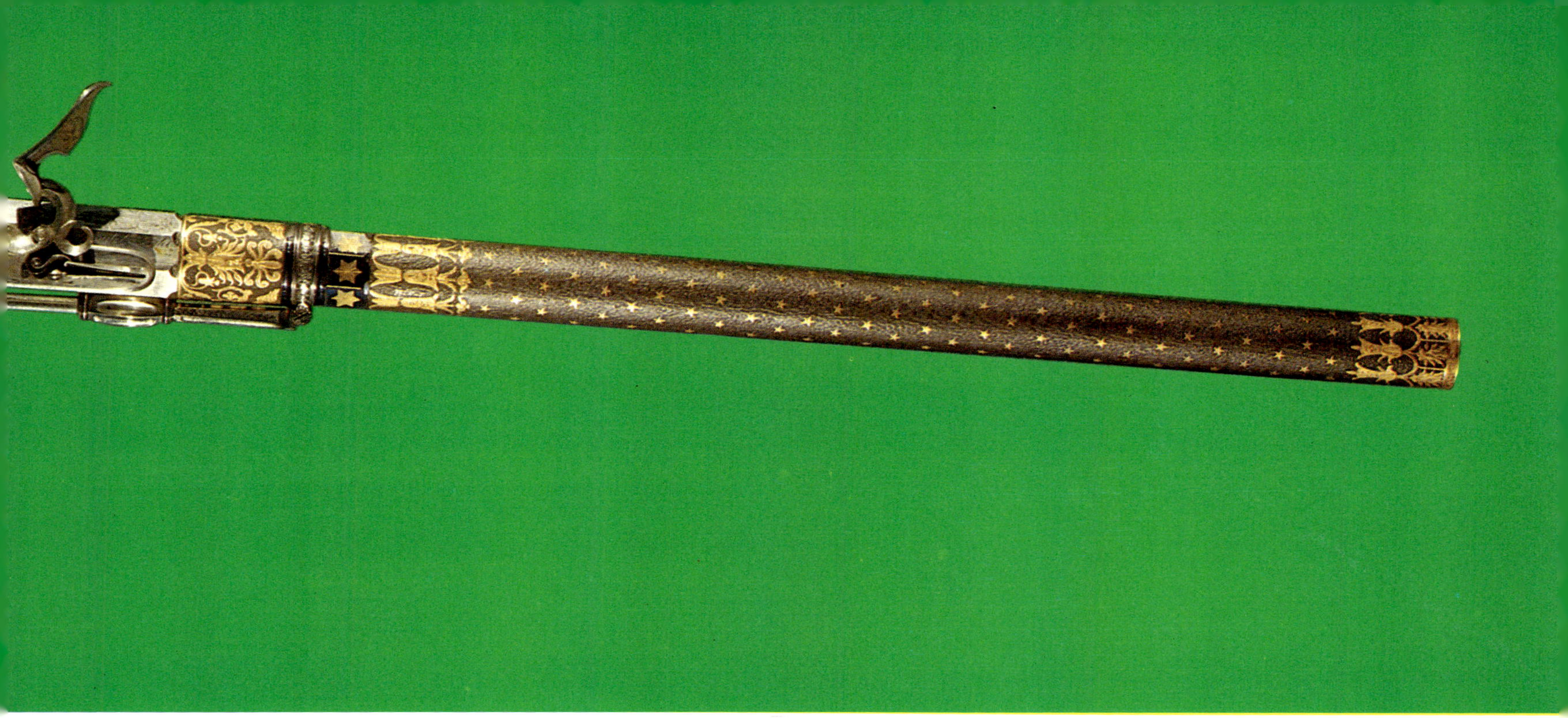

ebenfalls in eleganten Formen beschnitzt, der Kolben oft in Form eines Tierkopfes. Die präzise Ausführung der Schlösser, die meist in Blankstahl belassen wurden, ist wahrscheinlich nie übertroffen worden. Alle trugen die Signatur *Boutet Directeur Artiste Manufacture à Versailles*.

Er zauberte mit der ganzen Palette der ornamentalen Verzierungen des französischen Empires und fügte Themen aus Erzählungen des Alten Ägyptens und etruskischen Quellen hinzu, ebenso wie mythologische und allegorische Gestalten, die dem damals vorherrschenden neo-klassizistischen Zeitgeschmack entsprachen. Für die Jagdszenen ließ er sich von den Gemälden Jean-Baptiste Oudrys und von den Gravurmustern von Renesson und Augustin Dupré inspirieren. Sein berühmtestes Motiv aber war der Kopf der Medusa, der das zentrale Element im Giebel des Pförtnerhauses seiner Fabrik bildete. Diese wurde von den Preußen 1815 zerstört, und Boutet konnte seinen Ruf als erster europäischer Büchsenmacher niemals wieder zurückgewinnen.

Die Einführung der Zündkapsel im Perkussionsschloß als Zündungsmittel führte zur Entwicklung der ersten praktischen Metallpatronen. Der Schweizer Erfinder Samuel Johannes Pauly (1766-1819) ließ sein revolutionäres Hinterladegewehr 1812 in Paris und 1814 in London patentieren, welches sich mit seiner Patronenhülse aus Pappe mit einer Hülsenkapsel aus Messing nur wenig von dem Prinzip der modernen Gewehre unterschied. Die Patronen mußten allerdings von Hand nachgeladen werden. Joseph Robert ließ 1831 ein ähnliches Gewehr patentieren, das eine Patrone mit Randzündung verwandte. Im darauffolgenden Jahr konstruierte Casimir Lefaucheux seine Schrotflinte mit Kasten-Baskül-Verschluß, deren Läufe beim Laden in einem Gelenk gekippt wurden. Für dieses noch heute gebräuchliche Gewehr schuf er später eine Zündstiftpatrone, deren Herstellung bald kommerzialisiert wurde. Andere Patronen kamen auf den Markt, deren wichtigste von Dreyses Zündnadelpatrone war, die 1840 von der preußischen Armee übernommen wurde. 1855 schließlich wurde die moderne Patrone mit Zentralzündung von dem französischen Büchsenmacher Pottet erstmals hergestellt.

Die 1851 in London stattfindende 'Great Exhibition' stellte in dieser Beziehung einen Meilenstein in der Geschichte der Feuerwaffen dar. Alle Büchsenmacher aus England und vom Kontinent zeigten nicht nur ihre jüngsten patentierten Erfindungen, sondern auch die herrlichsten Beispiele der Zierkunst an traditionsgemäß handgefertigten Waffen. Die Pari-

***Oben links*: Perkussionsnadelgewehr sign. « Robert, à Paris ». Der Vermerk « Medaille d'or — Exposition de 1834 » ist in Goldbuchstaben am Verschluß angebracht (Musée de la Chasse, Paris). *Links*: 4 schüss. Karabiner, bewegliche Batterie sign. « T. Jackson », England, um 1845 (Musée de la Chasse, Paris). *Rechts oben*: Der erste Perkussionshinterlader mit Zentralzündung, 1812 von Samuel Johannes Pauly in Paris erfunden, (Tower of London Armouries). *Darunter*: Frühes Perkussionsgewehr von Forsyth & Co., um 1820 (Tower of London Armouries). *Folgende Seiten*: Steinschloßbüchse, in Versailles von Nicolas Boutet im Jahre 1805 hergestellt. Diese außergewöhnliche Waffe erhielt der Zar Nikolaus I. von Rußland als Geschenk (The Wallace Collection, London).**

ser Büchsenmacher Devisme und Claudin zum Beispiel stellten Waffen mit damaszierten Einlagen und Goldinkrustierungen ebenso wie verschwenderisch in einer Mischung aus dem gotischen und dem Louis-quatorze-Stil beschnitzte vor. Den Kontrast dazu bildete der amerikanische Büchsenmacher Samuel Colt, der vorführte, wie man Gewehre zu Tausenden mit Hilfe einer Maschine herstellen konnte, die Holzschäfte und auswechselbare Metallteile fabrizierte. Andere Büchsenmacher eiferten ihm nach. Sie stellten entweder ihre eigenen Maschinen auf oder kauften maschinengefertigte Teile von den Herstellungszentren in Lüttich, St. Etienne oder Birmingham. Die gute alte Zeit der individuell verzierten Gewehre schien zum Untergang verurteilt.

Doch war es paradoxerweise Colt selbst, der die Tradition der Prunkfeuerwaffen aufrechterhielt und dazu beitrug, die Mode der reich verzierten Waffen zumindest in den Vereinigten Staaten neu zu beleben. Nach seinem großen Erfolg auf der 'Great Exhibition' schenkte er nahezu hundert seiner besten gravierten Pistolen einflußreichen Persönlichkeiten, deren Unterstützung wertvoll für seine Arbeit sein konnte. Zu ihnen gehörten Fürst Consort und der Duke of Wellington. Nach seiner Rückkehr in die Staaten überreichte er General Franklin Pierce 1852 eine reich gravierte Pistole mit Kastenverschluß als Geschenk, kurz bevor dieser zum Präsidenten der Vereinigten Staaten gewählt wurde. Colt besuchte auch Rußland in den Jahren 1854, 1856 und 1858, wo er seinen größten Werbeerfolg erzielte, als er dem Zar und den russischen Großfürsten mehrere wundervolle Jagdgewehre und Revolver zum Geschenk machte. Sie waren von Colts Graveur Gustave Young (1827 - 1895) ganz besonders kunstvoll ziseliert und goldverziert.

Nachdem die amerikanischen Feuerwaffen zuvor mehr wegen ihrer technischen Qualitäten als ihrer künstlerischen Ausstattung wegen aufgefallen waren, mußten Colts Konkurrenten

nun der Nachfrage nach gravierten Jagdwaffen entgegenkommen. Einer von Gustave Youngs Schülern, Conrad Friedrich Ulrich (1844-1925) verließ Colts Fabrik und ging im Jahre 1869 zur 'Winchester Arms Company'. Winchester

Rechts oben: **Perkussions-Bockbüchse von Heinrich Ebert, Wien um 1840 (Kunsthistorisches Museum, Wien).** ***Darunter:*** **Lefaucheux-Flinte des Kaisers Ferdinand I. von Heinrich Dasch, Graz 1841 (Kunsthistorisches Museum, Wien).** ***Oben:*** **Ein Detail dieses Gewehrs.**

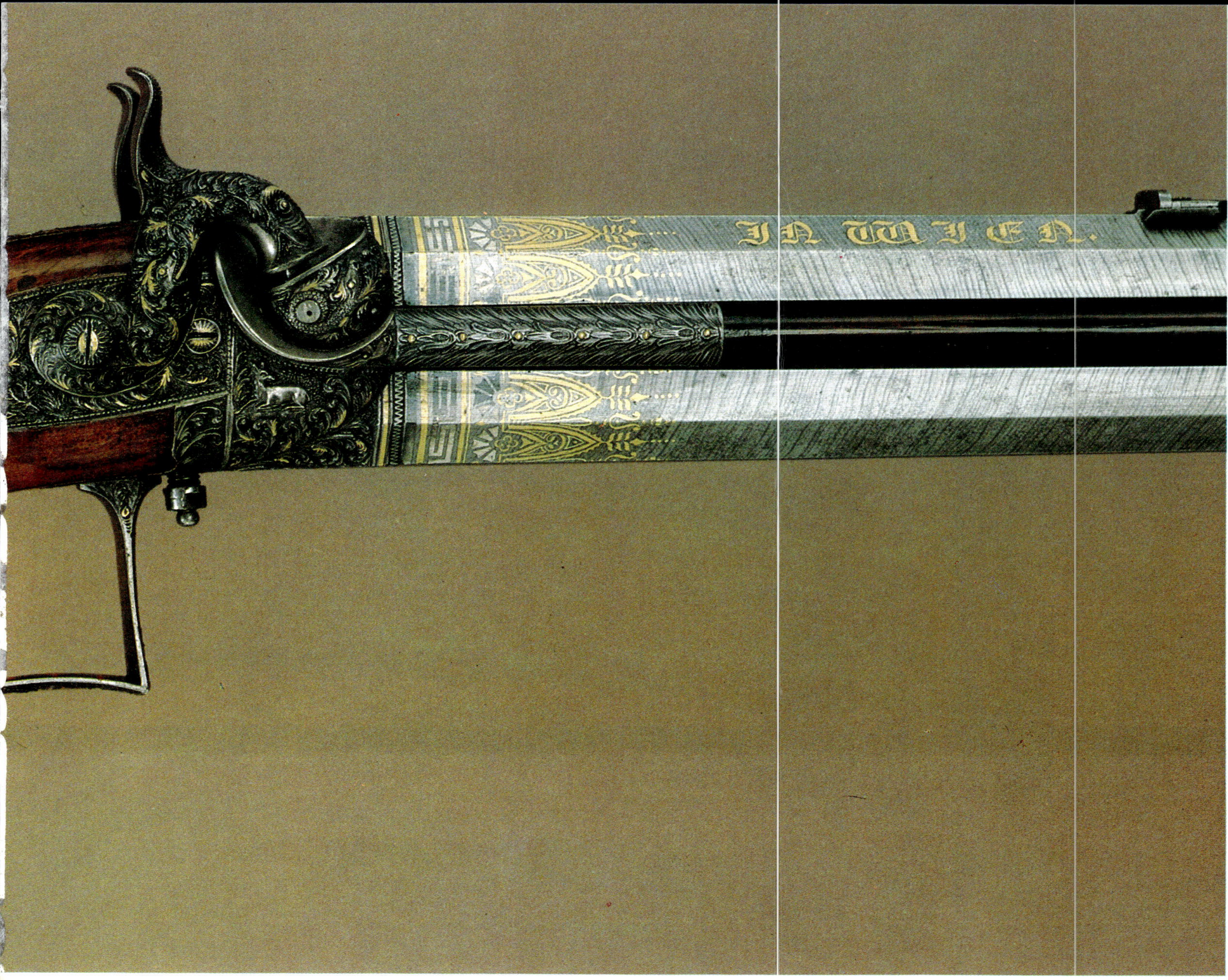
IN WIEN.

Rechts: Noch einmal die Freuden der Jagd, nach einer Aquatinta aus England, um 1825. Für die Jagd auf Schnepfen in Schottland benutzten diese Jäger wahrscheinlich Zündkapseln mit Knallquecksilber. *Unten:* Doppelläufiges Gewehr von Holland und Holland, London, für den Nizam von Heiderabad 1879 hergestellt. *Unten rechts:* Zwei Winchester Repetierbüchsen, von Conrad F. Ulrich graviert, 1866 (J. M. Peck Collection), die zweite, wurde von Königin Viktoria einem Flügeladjudanten geschenkt, 1884, ebenfalls von Conrad F. Ulrich graviert (Wallace Beinfeld Collection).

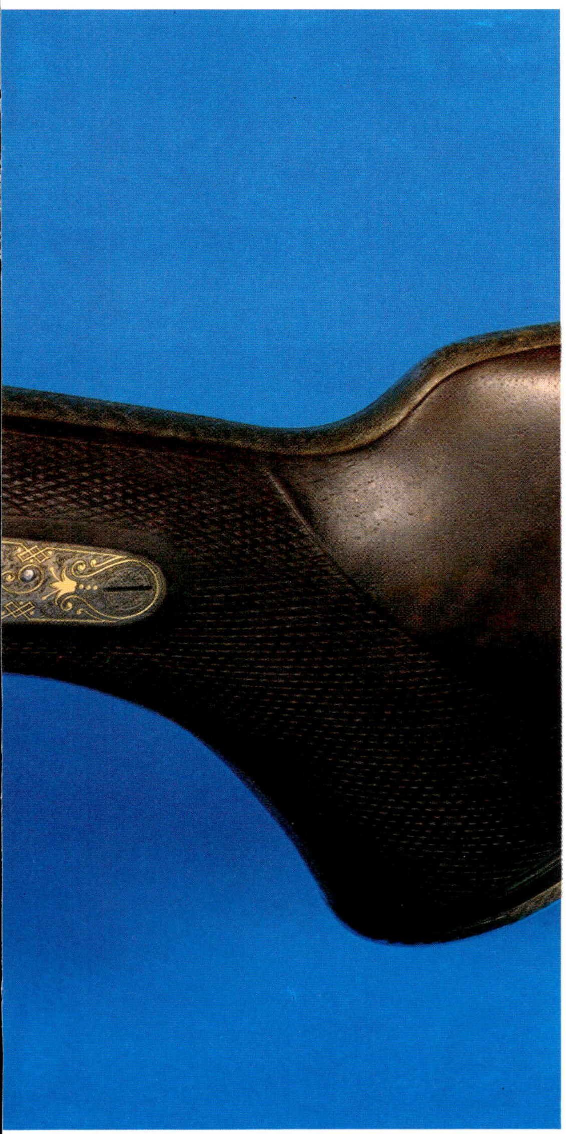

Colonel Gzowski ADC
Toronto

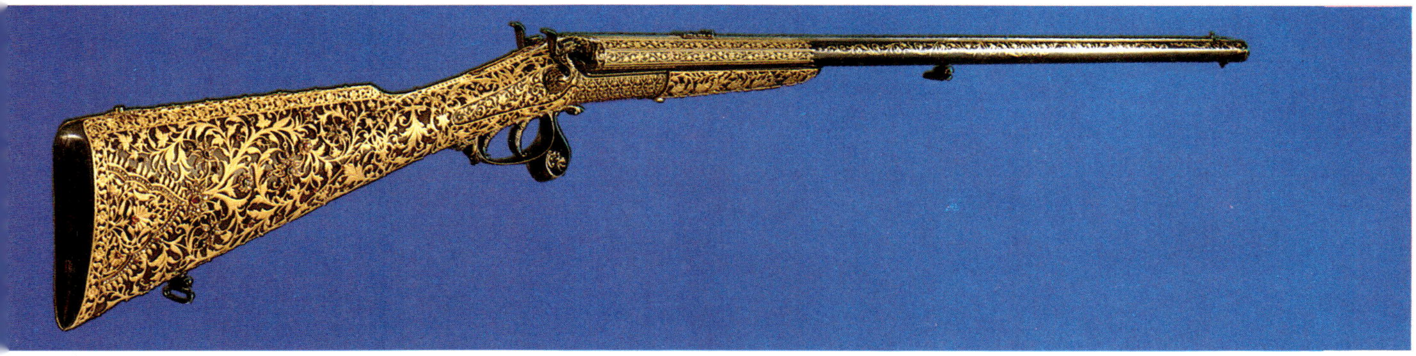

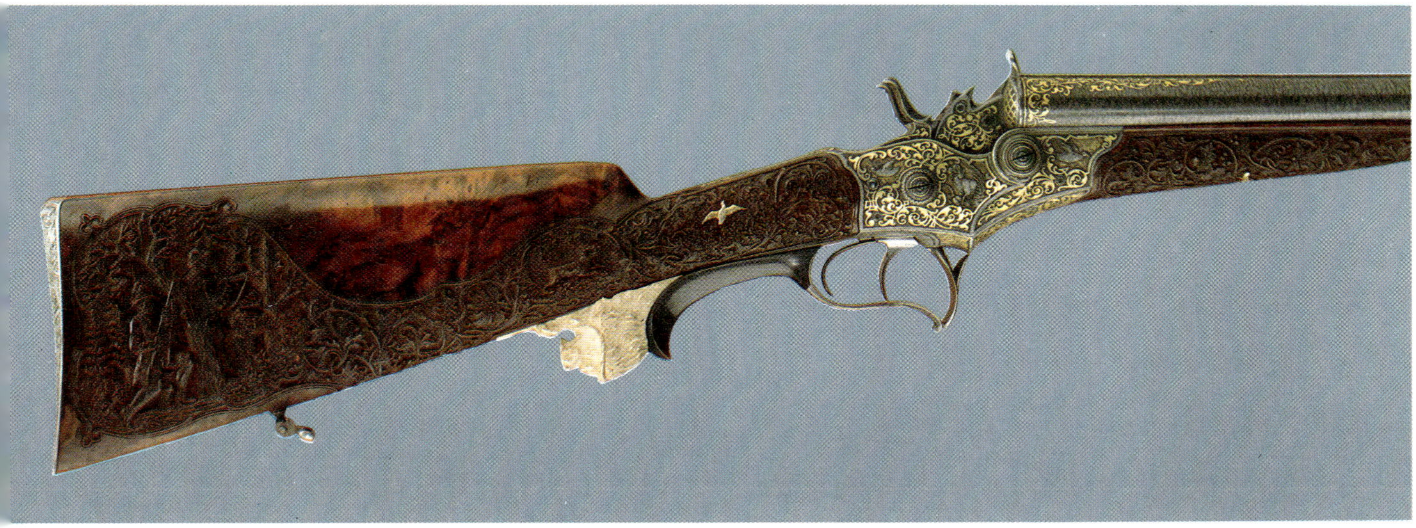

Oben, links außen und unten: Doppelläufiges Gewehr 577, mit Goldinkrustierungen, Belgien, um 1880. Die Verzierungen aus Gold auf dem Kolben, mit Rubinen, Smaragden und Diamanten sind abnehmbar (Holland & Holland, London).
Darunter: Ein Remington-Zwillingsgewehr von Gustav Fükert, Weipert, um 1880 (Kunsthistorisches Museum, Wien).

verkaufte damals ihr durch eine Ladeöffnung mit Klappe im Bronzegehäuse ladendes Mehrladejagdgewehr, Modell 1866, das einen flachen Messingrahmen hatte, der sich ganz besonders ideal zum Gravieren eignete. Die Muster wurden alle auf private Bestellung gemacht und wurden so berühmt, daß die Stahlrahmen der folgenden Modelle der Jahre 1873, 1876, 1886, 1892, etc., ähnlich ausgestattet wurden. Im Jahre 1897 gab Winchester einen speziellen Katalog der « Highly Finished Arms » heraus, in dem sie ihren Kunden eine Auswahl an « Gold-, Silber- und Platineinlagen, Gold- und Silberplattierungen, Gravuren, Schnitzereien und andere phantasievolle Verzierungen » anbot. Die Graveure hatten alle Hände voll zu tun, um die große Nachfrage zu befriedigen. Der bedeutendste unter ihnen war Louis Daniel Nimschke (1852 – 1904), dessen Musterbücher, die noch heute erhalten sind, Verzierungen für alle damals gebräuchlichen Gewehr- oder Pistolenarten aufwiesen.

Die romantische Bewegung der zweiten Hälfte des 19. Jahrhunderts inspirierte die Ziertechnik und Ornamentik der Viktorianischen Gotik und eines neubelebten Renaissance-Stils. Die Mitglieder der Zuloaga-

6. DAS 20. JAHRHUNDERT

Auf der Internationalen Ausstellung 1900 in Paris wurden alte und moderne Jagdfeuerwaffen ausgestellt, die seltsame Unterschiede in ihrer Machart aufwiesen. Auf der einen Seite gab es die mächtigen Schrotflinten und Gewehre der britischen Büchsenmacher in modernen Formen und mit geschmeidigen Mechanismen. Holland & Holland aus London erhielt den Großen Preis für das « Royal Hammerless Ejector Shotgun » und sein « Paradox »-Gewehr, mit dem man ebenso gut eine solide Kugel wie eine Schrotladung abfeuern konnte. Ihr einziger Schmuck war eine zarte « Spitzen »- Gravur. Auf der anderen Seite konnte man die reichverzierten französischen Feuerwaffen von Ronchare und Cizeron aus Paris bewundern, die eine Goldmedaille für ihre Schrotflinte mit marmorierten, reliefartig geschnitzten Läufen gewannen, deren ziselierte Schlösser Drachen und Krokodile zeigten.

Auch die Firma « Fabrique Nationale d'Armes » aus Lüttich stellte dort aus, die damals hauptsächlich an der Perfektionierung der automatischen Waffen arbeitete. Diese Firma aber und die Waffenindustrie in Lüttich sollten eine führende Rolle in der modernen Waffenzierkunst spielen. Im Jahre 1897 hatte Lüttich seine berühmte *Ecole d'Armurerie* eröffnet, wo sich die Gravierkunst zu einer der erfolgreichsten Disziplinen entwickelte. Schließlich richtete die Fabrique Nationale 1926 sogar ihre eigene Schule und Werkstatt für das Gravieren unter der Leitung des Meistergraveurs Felix Funken ein. An seinem und dem Werk seiner Schüler lassen sich die wechselnden Stilrichtungen der Zeit nach dem 1. Weltkrieg ablesen, und zuweilen findet man Stahlziselierungen, die auf traditionnelle Weise mit Hammer und Grabstichel gearbeitet sind und sich mit den Meisterwerken des 17. Jahrhunderts durchaus messen können.

Auf der Internationalen Ausstellung 1930 in Lüttich und 1935 in Brüssel sowie auf der Pariser 'Exposition Internationale des Arts et Techniques' im Jahre 1937 zeigten die Graveure aus Lüttich ihr meisterliches Können in allen zeitgenössischen Stilrichtungen : den schwingenden, sinnlichen Linien des Jugendstils, den eckigen und fragmentarischen Kompositionen des Art Déco und den geheimnisvollen Motiven der ägyptischen Kunst. Zu den schönsten Ziermustern aus dieser Periode zählen die von Hyppolite Corombelle (gest. 1943) und seiner Tochter Lyson (gest. 1971).

Heute scheint die Nachfrage nach verzierten Jagdgewehren wieder anzusteigen — vielleicht entspricht dies dem Bedürfnis, in einer Welt der Massenproduktion etwas Individuelles zu schaffen. Zu den besten modernen Graveuren zählen André Watrin, Louis Vrancken und René Delcour aus Lüttich, Al White und Denise Thirion aus den Vereinigten Staaten, und Ken Hunt und Lynton McKenzie aus England. In Italien haben die Büchsenmacher Abbiatico & Salvinelli die traditionelle Waffenkunst von Gardone Val Trompia bei Brescia neu belebt. Es gibt dort eine erstklassige Schule für Graveure, und Künstler wie Firmo Fracassi, Gianfranco Pedersoli und Angelo Galeazzi können ein Gewehr mit all dem Nuancenreichtum einer Gravur oder dem zarten Filigranwerk verzieren, das Brescia einst weltberühmt machte.

Einige moderne Jäger wählen äußerst exzentrische Motive für die Verzierung ihrer Gewehre, doch überwiegt ein Hang zum Traditionellen, und die meisten Künstler und ihre Kunden bleiben der Ornamentik und den Ziertechniken früherer Stilarten — der Renaissance, des Rokoko, Louis-quatorze etc., treu. So lebt die Schönheit der Vergangenheit in unserer Zeit weiter.

***Unten und rechts* : Vier Beispiele von Verzierungen auf modernen Waffen ; die rechts zeigt Bonaparte in Italien (Abbiatico & Salvinelli, Gardone Val Trompia). *Rechts Mitte* : Doppelläufiges Gewehr von Dumoulin & Deleye, Belgien, um 1972 (R.K. Wilson Collection. *Darunter* : Silber- und Goldinkrustierungen auf einem Jagdgewehr mit prähistorischen Jagdszenen, von Angelo Galeazzi (Abbiatico & Salvinelli).**

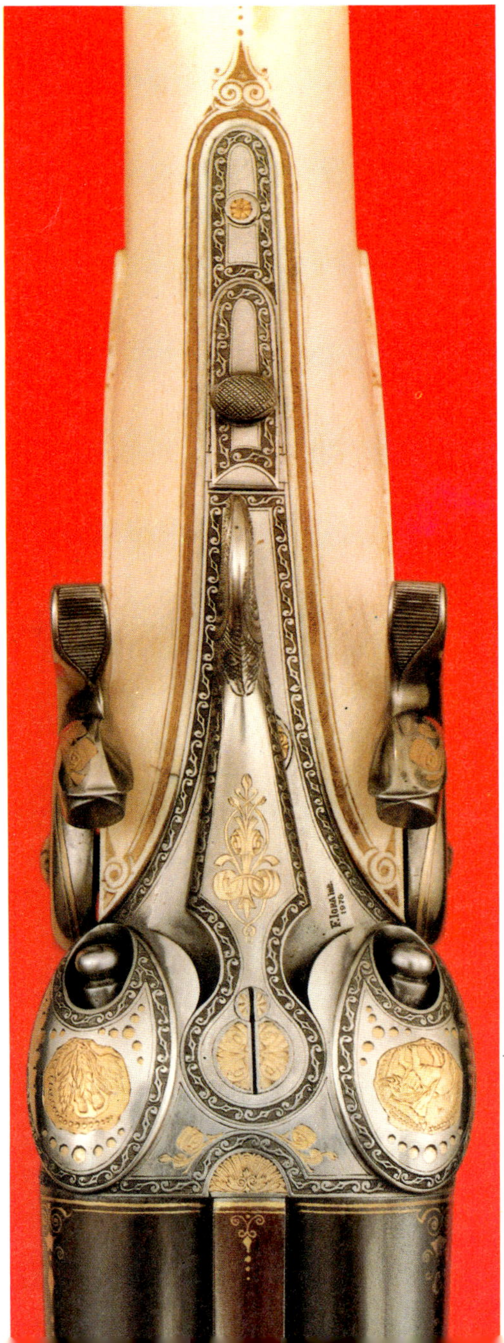

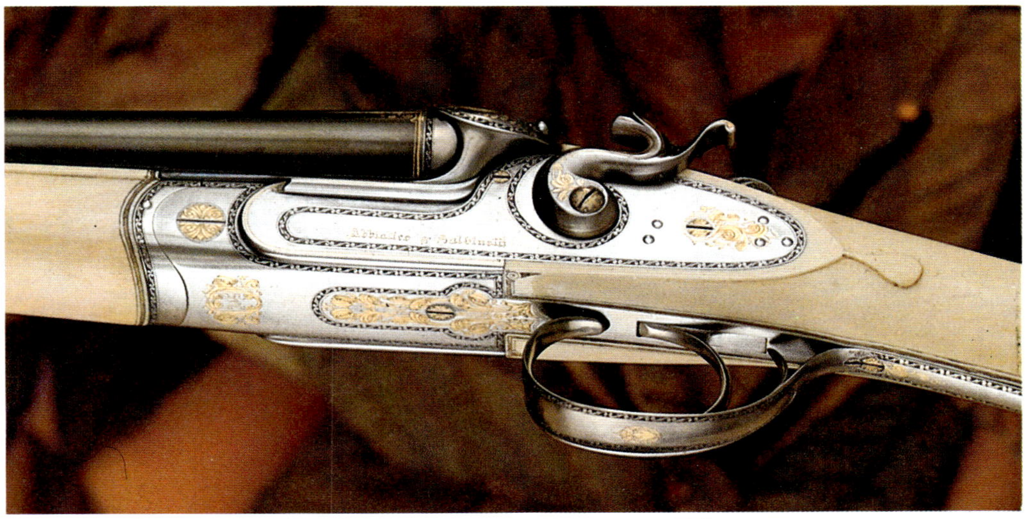

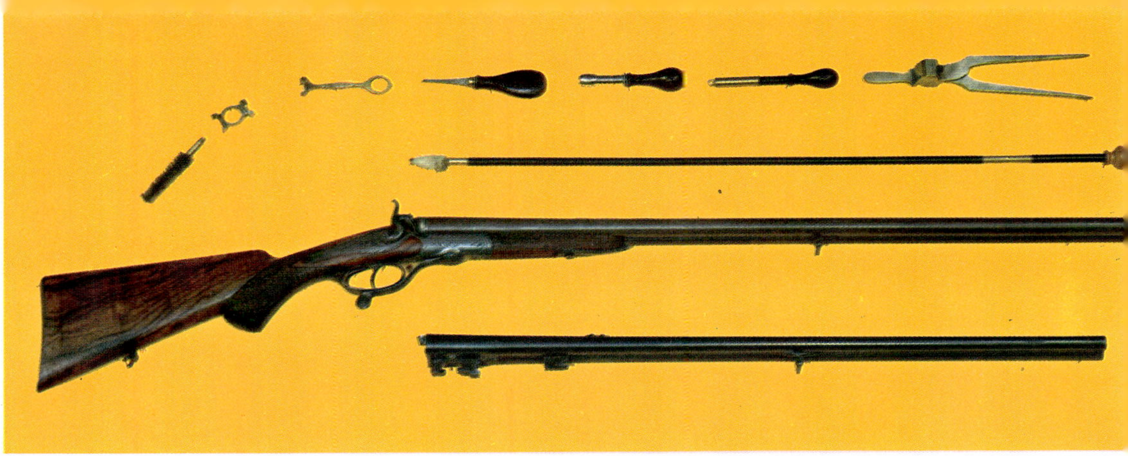

Familie waren Gewehrschmiede und Ziseleure und arbeiteten in Eibar und Madrid ; ihnen verdanken wir einige außergewöhnliche Waffengarnituren, deren Beschläge im ausgeprägtesten Renaissance-Stil bosseliert, graviert und damasziert waren. Diese Kunstwerke der Büchsenmacherkunst standen in merkwürdigem Kontrast zu den letzten wissenschaftlichen und technischen Verbesserungen, die zur gleichen Zeit in der Gewehrherstellung ihren Einzug hielten.

Oben **: Doppelläufiges Perkussionsgewehr von Ronchard und Cizeron, Saint-Etienne, Goldmedaille der Weltausstellung von 1900 (Musée de la Chasse, Paris).** ***Links*** **: Hinterladerstutzen von Josef Werndl, Steyr, 1870, Geschenk an Kaiser Franz Joseph I. (Kunsthistorisches Museum, Wien).** ***Rechts oben :*** **Doppeläufiges Gewehr, Osterreich, 1886, mit Ersatzlauf, komplette Garnitur (Schweizerisches Jagdmuseum, Landshut).** ***Darunter*** **: Detail des oben gezeigten Gewehrs.** ***Rechts :*** **Gravur eines Königsgeiers auf einem Jagdgewehr von Firmo Fracassi aus Brescia und die Jagdgöttin Diana auf einer Doppelflinte, Gravur von Angelo Galeazzi, Brescia.**

ADRESSEN

Kunsthistorisches Museum
Burgring 5
A - 1010 Wien

Musée d'Armes de Liège
Quai de Maestricht 8
B - 4000 Liège

Schweizerisches Museum für Jagd und Wildschutz
Schloß Landshut
CH - 3427 Utzenstorf/Bern

Deutsches Jagdmuseum
Neuhauser Str. 53
D - 8000 München 2

Fondation de la Maison de la Chasse et de la Nature
60, rue des Archives
F - 75003 Paris

Le Parc de Vision
Bel-Val Bois des Dames
F - 08240 Buzancy

Musée de la Chasse et de la Fauconnerie
F - 45 Gien

Tower of London Armouries
GB - London

Victoria and Albert Museum
South Kensington
GB - London

Museo Poldi Pezzoli
Via Manzoni 12
I - 20121 Milano

The Metropolitan Museum of Art
Fifth Avenue/82nd Street
USA - New York, N. Y. 10028

***Oben, links und rechts*: Caroline 'Express' FN-Browing, feine englische Gravur mit Jagdszene (FN Herstal); eine Browning FCS 25 (FN Herstal). *Links unten*: Beispiel einer modernen Waffe aus dem Hause Abbiatico und Salvinelli. *Links*: Automatisches Jagdgewehr, FN-Browing, Kaliber 12 (FN Herstal). *Letzte Seite*: Karabiner mit äußerem Rad, Lauf signiert Jan Sander, Horneinlagen auf Schaft und Kolben, Hannover, um 1650 (Leihgabe des Musée de l'Armée im Musée de la Chasse, Paris).**

abbiatico & salvinelli

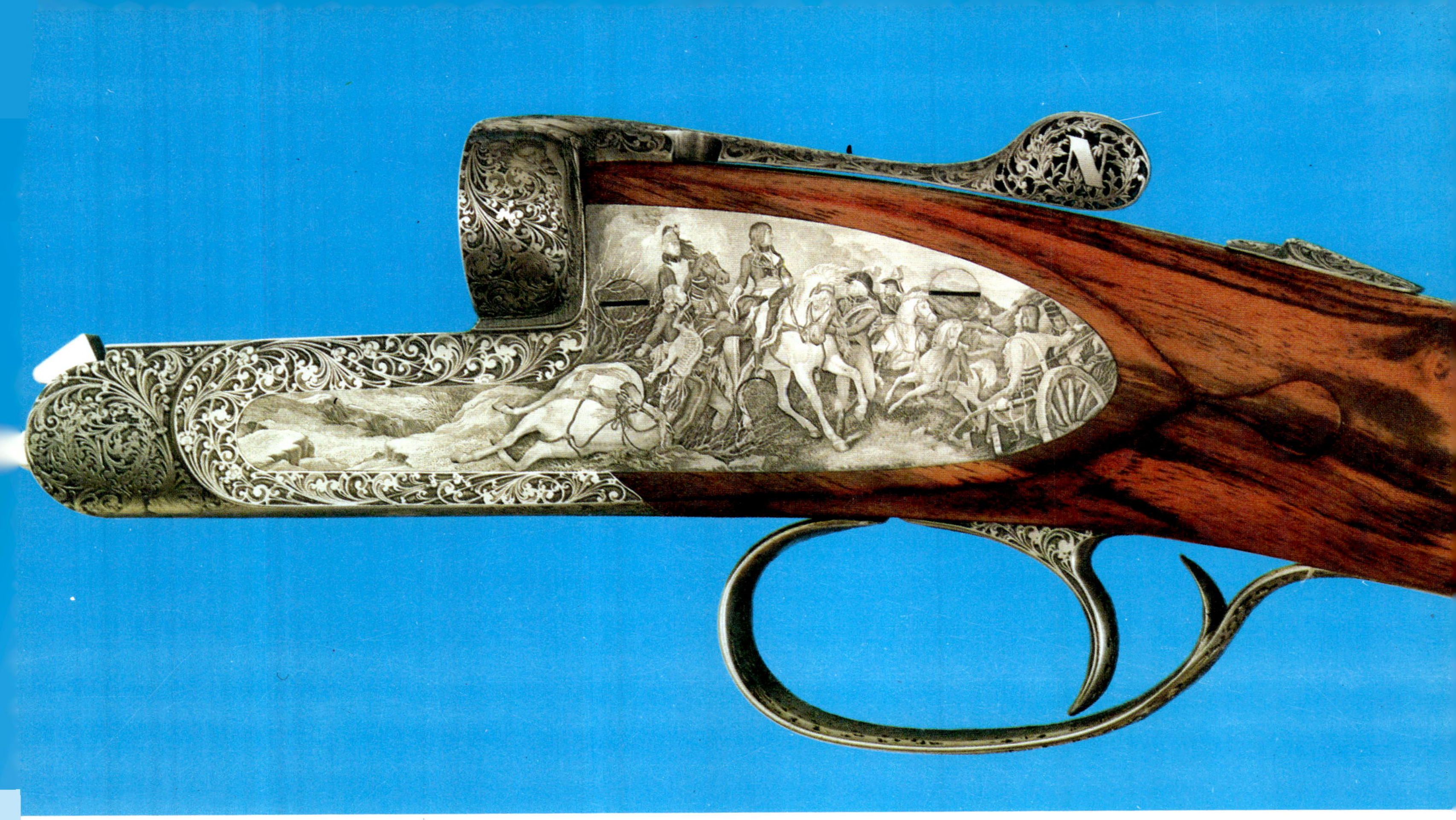